种植实用技术

主　编　杨宝山　胡庆华
副主编　印文俊　范雪莹
编　委　李　欣　孙国梅　田茂喜　范兵兵
　　　　王少君　陈永春　程晶晶　黄宝珍

U0227348

科学技术文献出版社
SCIENTIFIC AND TECHNICAL DOCUMENTATION PRESS
·北京·

图书在版编目（CIP）数据

食用百合种植实用技术 / 杨宝山, 胡庆华主编. —北京：科学技术文献出版社，2012.6（2024.9重印）

ISBN 978-7-5023-7202-6

Ⅰ.①食… Ⅱ.①杨… ②胡… Ⅲ.①百合—蔬菜园艺 Ⅳ.① S644.1

中国版本图书馆 CIP 数据核字（2012）第 042796 号

食用百合种植实用技术

策划编辑：孙江莉　责任编辑：杜新杰　责任校对：张吲哚　责任出版：张志平

出　版　者	科学技术文献出版社	
地　　　址	北京市复兴路15号　邮编100038	
编　务　部	（010）58882938，58882087（传真）	
发　行　部	（010）58882868，58882870（传真）	
邮　购　部	（010）58882873	
官 方 网 址	www.stdp.com.cn	
发　行　者	科学技术文献出版社发行　全国各地新华书店经销	
印　刷　者	北京虎彩文化传播有限公司	
版　　　次	2012 年 6 月第 1 版　2024 年 9 月第 4 次印刷	
开　　　本	850×1168　1/32	
字　　　数	125千	
印　　　张	5.25	
书　　　号	ISBN 978-7-5023-7202-6	
定　　　价	14.00元	

　　百合为百合科百合属多年生球根类所有种类的总称，为多年生宿根草本作物，因其地下球茎是由许多鳞片抱合而成，故名"百合"。

　　全世界已发现的近百个品种，其中 55 种产于我国，占世界百合总数的一半以上。

　　百合不仅是我国的特种蔬菜，而且还具有很高的药用价值和观赏价值。作为特种蔬菜，百合可烹制成多种色佳味美的菜肴和点心、甜羹，还可制成百合干、百合粉、百合脯等；作为中药材，百合具有补中益气、宁心安神、润肤防衰、化痰止咳、清心除烦、滑润大便、防止秋燥等功效；作为花卉，百合具有很高的观赏价值，常被视为纯洁、光明、自由和幸福的象征。

　　为了满足农民种植百合实际生产的需要，笔者组织了长期从事百合种植技术研究工作的相关人员，对百合生产过程中种用球茎的引种与扩繁、商品百合的栽培管理、病虫害防治及产品加工等方面进行了详细的讲述，希望为百合种植者获得较好的经济效益提供些许帮助。

　　本书内容全面，语言通俗易懂，实用性和可操作性强，除可供广大农民、农业技术人员、农村基层干部在百合生产中参考外，也可供有关农业中学师生参阅。但由于水平所限，编写过程中的疏漏和不当之处，敬请业内人士和广大读者批评指正，并在此对参考资料的原作者表示衷心的感谢。

编　者

目 录

第一章 百合概述

　　百合又名野百合、喇叭筒、山百合、细叶百合、卷叶百合、药百合等，为百合科百合属多年生球根类所有种类的总称，因其地下球茎是由许多鳞片抱合而成，故名"百合"（图1-1）。

图1-1　卷丹百合(球茎、植株)

1

百合主要分布在亚洲东部、欧洲、北美洲等北半球温带地区。我国是百合的重要原产地和分布地区,野生种百合遍及南北 26 个省(区),如毛百合、滇百合、渥丹、小百合、尖被百合、药百合、湖北百合、卓巴百合、宝兴百合、卷丹、条叶百合、山丹、大理百合、川百合、绿花百合、青岛百合等,垂直分布海拔从 200 米到 3200 米。全世界已发现的近百个百合品种中,55 种产于我国,占世界百合总数的一半以上。近年更有不少经过人工杂交而产生的新品种,如亚洲百合、麝香百合、香水百合等。

百合不仅是我国栽培历史悠久的特种蔬菜,而且还具有很高的药用价值和观赏价值。作为蔬菜,百合不仅是菜中的珍品,而且是名贵的稀有高档蔬菜,可蒸、煮、炸、炒,做成菜肴羹汤或做成主食,还可制成百合干、百合粉、百合脯、百合罐头、百合饮料等;作为中药材,百合具有补中益气、宁心安神、润肤防衰、化痰止咳、清心除烦、滑润大便、防止秋燥等功效;作为花卉,百合具有很高的观赏价值,常被视为纯洁、光明、自由和幸福的象征,有"百年好合"、"百事合意"之意,是婚礼必不可少的吉祥花卉。

百合适应性强,在我国南方、北方都能较好地繁殖生长,种植技术容易掌握,我国人工栽培百合面积较大的有湖南、湖北、江苏、河南、江西、浙江、陕西、四川、安徽、甘肃、山东、广东、广西壮族自治区、河北等十多个省区,部分地区已走上了百合产业化的道路,取得了较好的经济效益。

第一节　百合种植的价值

百合地下球茎是由数十片肉质鳞片抱合而成,是百合的营养器官,不仅肉质细腻软糯,而且营养价值也很高,是菜用和药用的主要部分。

1. 食用价值

我国千百年来就有食用百合球茎的习惯，并把它视为滋补的上品。

据研究，每100克百合中所含营养素的热量为162千卡，蛋白质3.2克，脂肪0.1克，碳水化合物37.1克，膳食纤维1.7克，胡萝卜素1.2微克，视黄醇当量56.7微克，硫胺素0.02毫克，核黄素0.04毫克，烟酸0.7毫克，维生素C 18毫克，钾510毫克，钠6.7毫克，钙11毫克，镁43毫克，铁1毫克，锰0.35毫克，锌0.5毫克，铜0.24毫克，磷61毫克，硒0.2毫克。此外，还含有百合苷A和百合苷B。

从营养学的角度看，百合的球茎富含蛋白质、淀粉、脂肪、生物碱等多种成分，并富含人体所必需的氨基酸、不饱和脂肪酸，营养价值高，不仅可蒸、煮、炸、炒、做成菜肴羹汤，还可做成粥、面、饼等主食，可加工成糕点、月饼、面包等食品，还可加工成百合粉、百合干、百合脯、百合罐头、百合饮料等食品。经常服食，可健身强体，延年益寿。百合花亦可做成味道鲜美的汤、菜、粥，还可用开水冲泡作为茶饮。

2. 药用价值

百合不仅是营养价值很高的名贵稀有高档蔬菜，也是一种有很高药用价值的中药材。

百合入药始载于汉朝《神农本草经》，后来历代医家均有记载。中医学认为，百合味甘微苦，性平，味淡，微寒。入心、肺经，有润肺止咳、清心安神、益智健脑、补中益气、滋补强身、养阴润燥、利脾健胃、清热利尿、镇静助眠、止血解表、调节内分泌等功效。其花和梗可作止血药；球茎可预防和治疗肺结核、慢性气管炎、咳嗽、肺气肿、肺嗽咯血、体虚肺弱、疮痈肿瘤、热病后余热未清、高血脂、高血压、神经官能症、失眠、神经衰弱、心慌意乱、虚烦惊悸、神志恍惚、坐卧不安、气短乏力、脚气浮肿、涕泪过多、便秘、更年期综合征等症状。若服食清蒸百合,还可治胃病、肝病、贫血等,是多种滋补药的主药。

现代医学研究证明,百合中含有蛋白质、脂肪、多种生物碱、百合苷 A、百合苷 B、秋水仙碱及磷、铁、钙、锌、维生素 C、维生素 B_1、维生素 B_2、胡萝卜素等元素,具有提高淋巴细胞转化率和增加液体免疫功能活性的作用。对于治疗痛风、糖尿病、高血压、高血脂、冠心病、白血病、艾滋病及乳腺癌、宫颈癌、鼻咽癌等均有较好的疗效。特别是在对肿瘤进行放射治疗后,出现体虚乏力、口干心烦、干咳痰少甚至咯血等症状时,用鲜百合与粳米一起熬粥,再调入适量冰糖或蜂蜜共食之,对于增强体质、抑制肿瘤细胞生长、缓解放疗反应具有良效。以鲜百合与白糖适量,共捣敷患处,对皮肤肿瘤破溃出血、渗水者,也有一定的疗效。

百合还是一种保健美容食品,常食百合可增加皮肤的营养,促进皮肤新陈代谢,使皮肤变嫩,更富有弹性,对病后面容憔悴、失眠多梦及更年期妇女恢复容颜具有显著作用。百合花趁其含苞待放时及时采摘,晾晒成干,可做成味道鲜美的汤菜。在粥中加入百合花,有润肺清心的功效。把百合花与豆同煮,有清热解暑作用。百合花还可用开水冲泡作为茶饮,味质鲜美,清香高雅,集多种蔬菜营养于一身,可润肺清火,安神利尿,对于肝火上浮,夜不成寝,失眠健忘具有特殊疗效,经常饮用或食用可排毒养颜,增智健脑,强身健体,防衰老作用。一些百合品种的花,含有较多的芳香油,可提取芳香浸膏,用于调制各类化妆品等。有些百合花色艳丽,可用于提取脂溶性色素,且稳定性好、安全无毒,是理想的天然食用色素。

3. 观赏价值

百合花为世界著名的花卉之一,是近年国内外鲜花市场发展较快的一支新秀,是重要的切花材料。其色彩缤纷,艳丽异常,可用于装饰插花、庭院园林美化、街道路旁绿化、盆景等栽植。被称为球根花卉之王,园林部门将它称为"路花"。

近年来,百合产品不仅在国内各大城市畅销,而且还远销到中国香港、中国澳门、中国台湾、东南亚、日本、韩国、美国等国家和地区,成为出口创汇的蔬菜品种之一。因此,发展食用百合种植符合我国现行的农村产业结构调整政策,是开发特色农业,增加农民收入的又一个重要致富项目。

第二节　百合的植物学特性

百合属植物的植物学性状(图 1-2)有其共性,如都有球茎(由鳞片组成)、带叶的花梗、单叶互生、花着生于茎顶、蒴果矩圆形等。

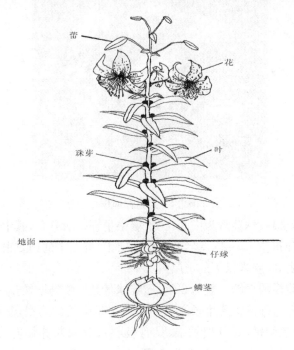

图 1-2　百合植物学性状示意图

一、百合的形态特征

百合为多年生宿根草本植物,每年冬季地上部枯死,以球茎在土中越冬。百合球茎是一种变态茎,各种百合虽然在形态特征上有一定的差异,但在主要器官上基本相似。

1. 根

百合根可分为肉质根和纤维根两类。

(1)肉质根(图 1-3):肉质根着生于球茎盘下底部,多达几十条,粗壮,无主、侧根之分,亦称"下盘根"。

图 1-3 百合肉质根

肉质根以球茎盘为中心,在土壤中呈辐射状分布,其中 2/3 的肉质根分布在 15～25 厘米的耕作土层中,有 1/3 的肉质根向下生长达地表 35 厘米以下的土层内。

肉质根的根龄一般为 3 年,随着球茎盘根龄的增长,新生肉质根由中心向外沿扩展生长。当年生或 1 年生的肉质根,其根表皮光滑,白色细嫩,无分杈侧根,具有吸收水分和营养物质等功能;2 年生肉质根,根表皮色暗淡,有环状皱纹,根粗壮,中下段有少量分杈侧根,具有吸收、储存光合产物等功能;3 年生肉质根表皮暗褐色,萎缩失水,细胞组织老化,失去吸收、合成等功能后逐渐枯死。

(2)纤维根:又称"上盘根",为百合球茎春季在茎秆抽生后的入土部位叶腋处生出的不定根。纤维根发生较迟,多在地上茎抽生 15 天左右,苗高 10 厘米以上时开始发生,形状纤细,数目较多,长 7～15 厘米,分布在土壤表层,具有固定和支持地上茎、吸收表层土壤中的水分和营养物质,供茎秆生长发育等多种功能。在纤维根着生的茎秆基部还能再生出百合小籽球,可作为扩繁的种用球茎。纤维根每年与茎秆同时枯死。

2. 茎

茎可分为地上茎和球茎 2 部分。

(1)地上茎:分伸长茎与变态茎 2 种。

①伸长茎:由母鳞茎短缩茎的顶芽伸长,长出地面而成。一般惊蛰至春分出苗,立夏前后停止伸长,茎粗 1～2 厘米,高可达 80～150厘米,不分枝,直立性强,表面光滑或有白色茸毛,茎基微紫色。

②变态茎:变态茎是植物中茎的一种分类,其生长形态有异于一般的茎,属于植物营养器官的一种。百合的变态茎有着生在地上茎叶腋间的圆珠形紫褐色"球芽"(或称"珠芽"或"百合籽"),有着生于地上茎入土部分的"小仔球"。球芽及小仔球均可作为繁殖材料。

(2)球茎(图 1-4):百合的球茎为地下的肉质芽或短缩茎,形似球状,是养分的贮藏器官。其茎部在整个球茎中发育不足,而缩小成一极小的短缩茎,也称之为球茎盘,具有贮藏养分,发生根系,着生和支持鳞片,分生子鳞茎的功能。在球茎盘上着生众多的、白色肥厚的肉质鳞片,紧密抱合而成的球茎体。球茎的大小和重量

因生长年限长短不同而异,小者 100 克以下,大者 200～300 克。球茎有宿根越冬、越夏习性,能够连续生长多年。

　　球茎盘的顶端生长点能抽出地上茎,地上茎生长到 80～150 厘米时,地上茎顶端开花结实。同时,球茎盘四周的腋芽相继分生成 2～6 个缩短茎,并利用地上部茎叶制造光合产物,形成子鳞茎。多个子鳞茎聚合成母鳞茎,即为经济收获部分。

图 1-4　球茎

　　子鳞茎如果从母鳞茎上被分离下来,在一定条件下,经过培养,可再生出一株根、球茎、叶齐全的能独立生活的百合植株个体。

3. 花

　　百合花(图 1-5)着生于茎秆顶部,一年生的百合,一般只抽生 1 朵花,2 年生或 2 年生以上的多年生百合,其花众多,呈总状排列,即总状花序,花冠较大,花筒较长,呈喇叭形、钟形,花被反卷或开张;雄蕊 6 枚,花呈“丁”字形着生,雌蕊 3 心皮,子房上位,3 室。花色因品种不同而色彩多样,多为黄色、白色、粉红、橙红,有的具紫色或黑色斑点,也有一朵花具多种颜色的。

百合一般在 6 月上旬现蕾,7 月上旬始花,7 月中旬盛花,7 月下旬终花,保护地栽培于 5 月中旬可开花。结果期 7~10 月。

图 1-5　百合花蕾

4. 叶

百合的叶为互生单叶(图 1-6),无柄或具短柄,多呈披针形、倒披针形或条形,平行脉,全缘或边缘有小乳头状突起。叶腋处可生出株芽,呈紫褐色,可用其进行繁殖。有的品种叶为散生(有的品种的叶片紧贴茎,有的叶具叶柄等),如多数的亚洲种和杂交种;有的品种叶为轮生,如新疆百合。

图 1-6　百合叶及株芽

5. 蒴果

在一般栽培条件下,百合可正常开花,很少结果。但在高海拔、阴湿地区,可获得部分饱满种子(有些品种根本不结实),蒴果(图 1-7)长达 4 厘米,呈棱柱形(不同品种的果实在形状和大小上存在很大差异),3 裂 3 室,每室 2 列种子,每个蒴果可结籽 200 多粒,千粒重 2.08~3.4 克,种子片状,钝三角形,饱满种子呈褐色。每粒种子的中间有一个长条形的胚,是发育成未来新植株的雏形。胚的外面包围着近圆盘形的胚乳,胚乳是胚发育时所需要的营养仓库。种子边缘有一圈透明状的薄膜,称为翅。

在自然环境中,这种翅有利于种子随风散布,繁衍后代。

图 1-7　百合蒴果

二、百合的生长发育过程

百合分布广、品种多,并且不同品种间植物形态变化很大,但它们却有着相同的生长发育规律,都是每年春、夏、秋三季生长、开花、结实,冬季来临前,地上部枯萎,球茎以休眠状态在土壤中越冬。因此,按百合在一年中的生长过程,将其分为越冬期、幼苗期、珠芽期、现蕾开花期和成熟期 5 个时期。

1. 越冬期

百合感温性强,感光性弱,需经低温阶段,即越冬期。球茎在土中越冬,次年3月中下旬出苗,这一时期,子鳞茎的底盘生出种子根,即"下盘根"。子鳞茎中心鳞片腋间和地上茎的芽开始缓慢生长,并分化叶片,但不长出地表。

2. 幼苗期

3月中下旬至5月中上旬为百合幼苗期,也是植株生长和发育的关键时期。早春土壤解冻后,地上茎芽开始出土,茎叶陆续生长,地上茎土中部分开始长出"上盘根",以吸收养分和支持固定地上茎;地下苗茎基部四周开始分化新的子鳞茎芽。随着自然气温的升高,叶片大量展开,植株生长旺盛,此期是植株肥料吸收最大的时期,为百合球茎膨大奠定基础。

3. 珠芽期

5月下旬至6月中旬,当地上茎高达30～50厘米时,珠芽开始在叶腋内出现,此时期若摘除茎顶芽,生长速度加快,约30天成熟;如不采收,珠芽自行脱落。珠芽期地下新的幼球茎迅速膨大,使种球茎的鳞片分裂、突出,形成新的球茎体。

4. 现蕾开花期

6月上旬现蕾,7月中旬盛花,7月下旬终花。现蕾时茎高80厘米左右,开花期茎高100厘米以上,在整个生长时期内总叶片数有90～100片,叶片经光合作用将制造的营养物质贮存到球茎中。现蕾开花期是球茎膨大最快的时期,此时期不留作种用的植株须打顶、摘除花蕾,减少养分消耗,以利于球茎膨大。

5. 成熟期

立秋之后,经过几次轻霜,百合植株的地上部分枯萎,球茎开始休眠,此时可收获百合球茎。

三、百合对栽培环境的要求

百合的适应性较广,对环境条件的要求不严,我国南北各地均可栽培。

1. 土壤

百合属多年生草本植物,对土壤要求不甚严格,但在土层深厚、肥沃疏松的沙质壤土中,球茎生长迅速,色泽洁白,肉质较厚。黏质土壤,通气排水不良,球茎抱合紧密,个体小,产量低,不宜栽培。

据测定,土壤 pH 值为 5.5～6.5 较为适宜。

2. 温度

百合地上部茎叶不耐霜冻,秋季经轻霜后即枯死。地下球茎在土中越冬能忍耐 −35℃ 以上的低温。生长适宜温度为 15～30℃。

早春气候 10℃ 以上时,顶芽开始萌动,14～16℃ 时出土。出苗后气温低于 10℃ 时,生长受到抑制,幼苗在气温 3℃ 以下易受冻害。花期日平均温度 24～28℃ 发育良好,气温高于 28℃ 生长受到抑制。气温持续高于 35℃,植株发黄,地下球茎进入休眠期。生长的前、中期喜光照,后期怕高温。

3. 光照

百合喜半阴条件,耐阴性较强,但各生育期对光照要求不同。

出苗期喜弱光照条件,营养生长期喜光照,光照不足对植株生长和球茎膨大均有影响,尤其是现蕾开花期,如光线过弱,花蕾易脱落,但怕夏季高温强光照,引起茎叶提早枯黄。百合为长日照植物,延长日照,能提前开花;日照不足或缩短,则延迟开花。

4. 水分

百合喜干燥,怕涝,整个生长期土壤湿度不能过高。

百合出苗期和发根期需要湿润土壤条件,百合种植地不能渍水,偏黏土地更不能渍水,浇水不能漫灌,避免造成土壤缺氧。雨后积水,应及时排除,否则球茎因缺氧,容易腐烂,导致植株枯死。尤其是高温高湿,危害更大,常造成植株枯黄和病害严重发生。

5.肥料

百合比较耐肥,需要较多的肥料。在土壤的各种营养元素中,吸收数量较多的是氮、磷、钾,其次为钙、镁、硫、铁、硼、锰、铜、锌、钼等。

为了获得高产,一定要选择肥力较高的土壤,并施足基肥,及时追肥。基肥应以有机肥为主,同时配施一些磷、钾肥和微量元素肥料。追肥以氮肥为主,并根据百合生长发育情况,分次施用。

第三节　百合的品种类型

野生百合资源,种类繁多,性状各异。经过人工的长期栽培、选育、杂交育种等多种手段和方法,形成了可供人们种植栽培,可以进行规模化、标准化、系列化生产的多种百合类型和品种。

一、类型

按生产目的和用途分类,可将百合分为花卉百合、药用百合、菜用百合三个种类,其中有的百合种类,其球茎可供人们菜用和药用,或兼而用之。

1. 花卉百合

花卉百合栽培的主要目的是生产切花,品种主要是"亚洲型"与"麝香型",如格雷帕拉边索、希诺莫托、期坦加塞尔、伊尔特、波立安娜、阿瑞哥那、大帝、媚力、摩娜、麝香百合、条叶百合、王百合、天香百合、铁炮百合等。

食用**百合**种植实用技术

2. 药用百合

药用百合栽培的主要目的是生产中药材,品种主要有卷丹百合、细叶百合、兰州百合、龙牙百合、川百合、宜兴百合等。

3. 菜用百合

菜用百合栽培以生产可供食用的球茎或花蕾,品种主要有兰州百合、龙牙百合、川百合、宜兴百合、麝香百合、湖州百合、万载百合、杜马百合、平陆百合等。

二、部分百合品种

1. 卷丹百合

卷丹又名南京百合、虎皮百合,我国华中、华北、西北、西南及青藏高原海拔 400～3200 米处均有野生种分布。江苏、浙江、安徽、河南、河北、陕西、甘肃、山东、江西、湖北、湖南、四川、贵州、云南、西藏自治区等省区均有种植,其球茎既可药用、食用,也可作花卉栽培。

植株高 70～100 厘米,间有高达 1.5 米者,带紫色条纹,被白色绵毛。球茎扁圆形,高 3.5 厘米,直径 4～8 厘米,鳞片宽卵形,长 2.5～3 厘米,宽 1.4～2.5 厘米,白色微黄,略有苦味,单个鲜重 50～70 克。叶互生,披针形或长圆状披针形,长 3～7.5 厘米,宽 1.2～1.7 厘米,密集于茎秆的中上部,叶腋间生有可繁殖的紫黑色珠芽。夏季开花,花通常 3～6 朵排成顶生总状花序,花色橙红色或砖黄色,花瓣较长,9～12 厘米,向外翻卷,花瓣上有紫黑色斑纹,很像虎背之花纹,故有虎皮百合之雅称。蒴果狭长卵形,长 3～4 厘米。

2. 兰州百合

兰州百合是川百合的变种。江苏、浙江、安徽、江西、湖南、湖北、广西壮族自治区、四川、青海、新疆、西藏自治区、甘肃、陕西、山西、河南、河北、山东和吉林等省区均有种植。兰州百合营养丰富,品质极佳,以名菜、良药著称全国,是百合中的佼佼者。

兰州百合株形高大,株高 60～100 厘米,无茸毛,绿色,地下部茎节可再生小球茎。球茎呈球形或扁圆形,白色,球茎高约 3 厘米,单个重 150～250 克,鳞片宽大肥厚,纤维少,含糖量高,抱合紧密,洁白如玉,品质细腻无渣,香绵醇甜,无苦味,故称兰州甜百合。叶着生密,互生,条形,无柄,叶腋不生珠芽。总状花序,花数朵至20 余朵,花下垂、花橙黄色,开放时反卷,花被有紫褐色斑点。7 月中上旬开花,花期约 10 天。花具香味,美观,花蕾可供食用。从小球茎到商品百合需培育 4～5 年。

3. 龙牙百合

龙牙百合有些地方也称白花百合,在湖南、湖北、浙江、河南、河北、陕西等省均有种植,主要产区是湖南邵阳,球茎可食用或药用。

植株高 0.7～1.5 米,光滑无茸毛,有紫色条纹。球茎呈圆球形,鳞片洁白,抱合紧密,每个球茎含 2～4 个鳞片,个大,单个重250～350 克,大者 500 克以上,无苦味,但也不甜。鳞片呈长椭圆形,长 8～10 厘米,宽 2 厘米,肥厚。叶散生,上部叶比中部叶小,倒披针形,长 7～10 厘米,宽 2～2.7 厘米,叶基部斜窄,全缘,无毛,具短柄,似竹叶,有 3 条明显的平行脉,叶腋不产生珠芽,或偶有珠芽,多用鳞片培育种用球茎。花期 6 月中上旬,花 1～4 朵,花乳白色,有香味,花被背面带紫褐色,无斑点,顶端弯而不卷,花朵呈喇叭形。蒴果矩圆形,长 5 厘米,宽 3 厘米,有棱,种子多。

4. 川百合

四川、云南、陕西、甘肃等省均有种植,球茎可食用或药用。

川百合植株高 1～1.5 米,茎直立,具小突起和稀疏的绵毛。球茎呈扁球形或宽卵形,高 2～5 厘米,横径 2～2.4 厘米,单个重150～250 克。鳞片宽卵形至卵状披针形,长 2～3.5 厘米,宽 1～1.5 厘米,鳞片白色。叶散生,条形,中部密集,长 6～10 厘米,宽

2～3毫米,叶腋处有白色绵毛。花期7月,花朵1～20朵,总状花序,下垂,花被6片,橙黄色,有紫色斑点,花被内轮宽于外轮,向外反卷。蒴果长椭圆形,长3.5厘米,直径1.7厘米。

5. 麝香百合

麝香百合又名铁炮百合、喇叭百合、野百合、山丹,浙江、安徽、江西等省均有种植。

株高110～130厘米,茎秆绿色无斑点,基部呈现红色。球茎卵形淡黄色,个大,直径6～9厘米。叶散生,披针形至线形,长7～15厘米,宽1～2厘米,上部变小呈苞片状,具5～7脉,全缘,无毛。5～6月开花,花单生或2～4朵不等,花呈喇叭形,有香气,乳白色,外面稍带紫色,无斑点,向外张开或先端外弯而不卷。蒴果长圆形,长4.5～6厘米,宽约3.5厘米,有棱,具多数种子。

6. 宜兴百合

宜兴百合为卷丹百合的一个变种,江苏、浙江、安徽、江西、湖南、湖北、广西壮族自治区、四川、青海、西藏自治区、甘肃、陕西、山西、河南、河北、山东和吉林等省区各地均有栽培,品质软糯,味浓微苦,所以又称苦百合、药百合。

株形直立,株高120厘米左右,茎紫褐色,有白色茸毛。球茎扁球形,高约3.5厘米,直径4～8厘米,鳞片宽卵形,长2.5～3厘米,宽1.4～2.5厘米,鳞片白色微黄,平均单重70克。每个球茎一般有3～4个侧生球茎,鳞片宽厚,排列紧密。叶深绿色,有蜡质层。花期7月中下旬,花下垂,橙红色,花被正面有黑斑点,开放时反卷超过花柄,是宜兴百合的显著特征。

7. 湖州百合

浙江省特产,是卷丹百合的一种。

有苏白和长白两个地方品种。苏白株矮,秆短,叶片稠密,鳞片排列紧凑,顶部圆;长白株高,秆长,叶疏,鳞片排列较松,顶尖。二者花朵相同,朵型大,下垂,花被橘红色,正面有黑褐斑点,反面光滑,开放时花被片向外反转,形似彩色宫灯,姿态奇特美观,花期长。球茎肥大,洁白如脂,肉质细嫩,在阳光、空气中极易泛红变成紫褐色。

8. 平陆百合

山西省平陆县特产,该种耐旱、耐热、耐冻,有"中条参"的美称。

株形直立,株高70~120厘米。球茎扁圆形,鳞片肉质肥厚,一般单个重100克重,最大者达150克以上。夏季开花,花呈筒状,花色有红、黄、白、淡红多种。尖端分6片而反卷,花具香气,花茎叶腋生有"珠芽"球形,色由浅而深。成熟后呈紫黑色,落地后若土质适宜,亦可繁殖。

9. 万载百合

江西省万载县特产,为甜百合。

万载百合有高片和柳叶两个品系。高片百合株高1米,茎粗0.9~1.2厘米,绿色,无毛。球茎扁圆形,白色,鳞片紧密抱合,最大球茎可达250~300克,鳞片腋间可产生侧芽2~3个。叶阔,披针形,长18~20厘米,宽2.8~3.2厘米,叶片数50~84片,叶腋呈深红色。花蕾由绿色转为紫红色,开花后变成白色,夜间有异香。柳叶百合与高片百合的区别是叶片狭长,叶间紧密,球茎由白色布满小红点转为红色,鳞片抱合稍紧,出粉率稍低,品质较差,抗热性较强。

10. 杜马百合

杜马百合是山西省平陆县杜马乡传统品种。

株高约45厘米,绿色,花金黄色。球茎近球形,高约7厘米。鳞片绵软无纤维,清甜幽香,品质佳,不易分蘖,素以"独头百合"著称。

11. 山丹百合

山丹百合又名山丹花、山丹丹、珊瑚百合、线叶百合、细叶百

合,因叶细而多,花冠似珊瑚得名。

株秆高 30～40 厘米,茎上生叶 50～80 片,细小纤弱,狭长。花春末夏初开放,花下垂,花瓣向外反卷,色鲜红,有光泽,具清香。

第四节　百合种植的优势

随着人们生活水平的提高,保健意识的增强,百合的营养价值和药用价值已被人们所认识,对食用百合的需求与日俱增,因此,食用百合的种植和利用是农村发展多种经营,脱贫致富的重要经济作物之一,合理安排和发展百合的生产,具有非常广阔的前景。

(1)与其他粮食作物相比,其经济收益较高。

(2)百合的适应性较强,一般各地都可种植。凡是马铃薯生长良好的地方,种植百合也容易获得成功。

(3)百合抗灾能力较强。干旱、冰雹、低温等恶劣的自然条件对百合生产虽然有一定影响,但不会造成毁灭性灾害,比其他作物抗灾应变能力较强。

(4)百合球茎精选后的剩余产品,可作为百合粉、百合饮料等加工产品的原料,其产品资源利用充分,经济价值高。

第二章 百合的引种与扩繁

栽植百合所需用的种用球茎,一般采用无性繁殖(分球繁殖、茎生小球茎繁殖、珠芽繁殖、鳞片繁殖和组织培养等)先获得种用球茎,也可采用种子繁殖先获得种用球茎,然后将种用球茎移栽入大田,经过田间管理长成商品百合球茎。也就是说百合生产栽培有两个生产过程,即培育种用球茎和培育商品百合球茎。每个生产过程,都需要生长2~3年的时间(小球茎繁殖需2年,鳞片插播3年,珠芽繁殖2~3年,种子播种繁殖3~4年才能开花结果)。

第一节 引种及选种

食用百合分菜用和药用两大类,甜百合多为菜用,苦百合多为药用。种植者可根据自身的需要进行选择引种菜用品种还是药用品种。笔者建议最好选择兼用型品种,以便增加销售时的选择余地。

1. 引种方式

百合的引种可从本地野外资源进行挖取球茎或采收种子,或从外地引进种子或球茎进行繁殖。

(1)从野外引种:野生百合(图2-1)多分布在海拔200~3200米山的阴坡疏林下,通常是在气温冷凉、空气湿度大、光线柔和、无强光直射的环境中生长。因此,可到这些地方去寻找。为了方便寻找,可在当地百合开花后的几天内进行寻找,然后,根据是当时

挖取球茎还是做好标记秋后挖取或是采收种子进行分别处理,注意采挖球茎时不要损伤种用球茎和暴晒。

图 2-1 野生百合

(2)农户串换:看到当地某家的品种好,则可就地引种。

(3)从种子公司引种:当地野外资源有限,则需从种子公司、种子站或种子专业户处引种或根据第一章介绍的百合品种情况秋季采收时亲自到产地引种。

2. 球茎的挑选

引种食用百合种时,一定要选择优良品种,充分成熟、色白、鳞片肥壮、无麻点、抱合紧密、根系健壮、无病虫的、有侧生 3～5 个球茎的种用球茎,重量选择中等大小、净重 25～30 克者为宜。

3. 种用球茎引种数量

百合的繁殖用种量大,每亩(1 亩≈667 平方米)需种用球茎150～200 千克。

4. 运输

能使百合球茎保持新鲜和安全的包装箱有木箱、纸箱、塑料箱和保温性能好的聚苯乙烯泡沫板箱。特别是聚苯乙烯泡沫板箱,可以保证百合的长途运转、安全可靠、较长时间不变质。无论使用何种包装箱,每箱重量以 5 千克为宜。

5. 种用球茎的贮藏

种用球茎引进后,数量一般不会太多,并且不一定是播种季节,因此,要搞好种用球茎的贮藏工作。

引进或收获的百合种用球茎,必须经过晾种,即在室内铺开种用球茎,其厚度不超过65厘米,上面盖草晾种7天左右,让百合表层水分适当蒸发,促进后熟,以利发根和出苗。

(1)种用球茎处理:无论采取何种贮藏方式,百合种用球茎后,贮前都要用1000倍60%代森锰锌＋70%甲基托布津＋1000倍50%辛硫磷浸泡30分钟,进行种用球茎消毒处理,晾干后进行种用球茎贮藏。

(2)种用球茎贮藏:从野外引种的百合种用球茎,若挖取的时间较早、温度较高,可装入保鲜塑料薄膜袋密封再装箱,放入冷藏柜或送入冷库堆码或上架贮藏,贮藏温度为-2~2℃,相对湿度65%~75%,贮至播种前,出库在10~15℃条件下缓慢解冻后栽种(一般需要30小时以上)。

若是秋后引进或采挖的种用球茎,可选择一间干燥、通气、阴凉、遮光的房子。用0.3%福尔马林溶液或0.3%高锰酸钾溶液喷施一次地面,然后,在地面上铺一层5~7厘米厚、温度35%~50%的清洁河沙(切勿将种用球茎放在水泥地面上,河沙要干些,如果太湿,百合将会生根和引起霉烂),一般百合可堆三四层,第一层百合根朝下,排列整齐,再盖一层厚3~4厘米的土或沙,上面再放一层百合,根系朝上,再盖一层土或沙,以此类推,盖沙厚度以不露出百合为宜,最后在百合堆的四周和顶部用20~30厘米沙封严。

在百合贮藏过程中,在贮藏室挂置干湿温度计,控温控湿,改善通风条件。每隔20~30天检查1次,不宜过多翻动,如发现坏死腐烂的百合种用球茎,应及时清除。贮藏期间要防止堆内发热,设法控制较低的温度,用该法可贮到翌年春天。

第二节　种用球茎的扩繁

引种后种用球茎的扩繁通常采用鳞片扦插法,其他如小球茎繁殖、珠芽繁殖、根基繁殖、种芯繁殖、组织培养法和种子繁殖等方法,种植者可根据自己的实际情况选择。

一、鳞片扦插法

鳞片繁殖法是百合无性繁殖中最常用的、繁殖系数最高的方法。把一块块鳞片剥下来,保持湿度80％～90％,在20～24℃下,经过10～13天培养,在伤口基部可长一个或数个小球茎。再经10～15天,小球茎基部可长出根系,30天左右后则长出基生叶。在适宜的阳光、温度、肥料等条件下,60～70天就能长成直径1.2～1.5厘米的小仔球,再移植大田培育2年,就能得到商品生产用种。

鳞片扦插法分为室外苗床扦插法、室内沙培法和鳞片气培法三种。

(一)室外苗床扦插法

1. 室外苗床地选择

百合喜阳光充足、夏季冷凉、耕层湿润阴蔽的环境,要求微酸性至中性(pH值为5.5～6.5)、富含有机质、耕层深厚、排水良好的土壤,因此,百合种用球茎培育地宜选择地势高、土质疏松肥沃、排水良好、有灌溉条件的地块。

根据百合的生长特性,选择前茬是豆类、瓜类或蔬菜地为好,不要选择前作是葱、蒜、辣椒类作物的地块。据生产经验,种过百合的地,需隔2年以上才能再种百合。

2. 播种期

百合鳞片育苗,播种期分春播和秋播。春播南方一般在处暑前后,北方一般在清明至谷雨为宜,播后 2～4 个月可生根发芽。秋播在收获球茎后的 8～9 月进行,立春前后可发芽,但秋播要注意覆盖防冻。

3. 繁殖地准备

(1)耕地、施肥:播种前深翻土壤 25 厘米以上,每亩施腐熟有机肥 2000～2500 千克、过磷酸钙 25 千克及 500 克草木灰作基肥。

结合土壤耕翻进行土壤药剂处理,以减轻病虫害。每亩用辛硫磷颗粒剂 3.5 千克撒施,以杀死地下害虫;用 50％多菌灵可湿性粉剂 1 千克,兑水 500 千克喷洒土壤,进行灭菌。

(2)整地作畦:凡坡地、丘陵地、地下水位低且排水良好的地方,可做成平畦。畦宽 1～1.2 米,两畦间开宽 20～25 厘米、深 10～15 厘米的排水沟。

在地下水位高、雨水较多的地方,应做成高畦。畦面宽 1 米左右,沟宽 30～40 厘米,深 15～20 厘米,以利排水。

北方也可采用垄作,垄基部宽 60 厘米,顶宽约 30 厘米,高 25～30 厘米,沟底宽约 30 厘米。

4. 种用球茎取出

冷冻的种用球茎应提前 3～5 天从冷藏的环境中取出,放在 10～15℃的阴凉条件下缓慢解冻。种用球茎解冻、消毒后,必须当天或第二天栽种完,解冻后的种用球茎若不能马上种完,不能再冷冻,否则有发生冻害的危险。将种用球茎放在 0～2℃条件下,可保存 2 周;存放在 2～5℃环境中,最多可存放 1 周。

采用室(窖)内贮藏的种用球茎也要提前 3～5 天从河沙或土中挖出,在室内进行晾晒。

5. 种用球茎消毒

用来种植的种用球茎必须选择以下一种药物进行消毒,以预防病害发生。消毒后,用清水冲净种用球茎上的残留药液,然后,在阴凉的地方晾干。

(1)40%福尔马林 50 倍液浸种 15 分钟。

(2)75%治萎灵 500～600 倍液浸种 25 分钟。

(3)10%双效灵 500 倍液浸种 25 分钟。

(4)百菌通 500 倍液浸种 15 分钟。

(5)多菌灵或甲基托布津 800～1000 倍液喷雾种用球茎。

(6)在 1:500 的苯菌灵或克菌丹溶液中浸泡 20～30 分钟。

(7)用 20%生石灰水浸种 15～20 分钟

(8)0.1%的高锰酸钾水溶液中浸泡 30 分钟。

另外,还可以用 70%敌克松粉剂 1:300 拌种。

6. 繁殖鳞片的选取

选择健壮、无病的球茎作繁殖材料,稍加摊晾,使其鳞片发软,剥除球茎表面质量差或干枯鳞片后,健康的第二、第三、第四层鳞片肥大、质厚,贮存的营养物质最丰富,是最好的繁殖材料。剥取扦插鳞片时,手要轻,以免压伤鳞片表面,导致腐烂,每个鳞片基部最好能带上一部分盘基组织,以利于形成小新球茎。剥取下的鳞片随即放入 1000 倍溶液的高锰酸钾,或 500～800 倍溶液的多菌灵(百菌清、克菌丹等),浸泡 20～30 分钟,以杀死鳞片上的病菌,取出阴干后,即可进行扦插繁殖。

为促进鳞片扦插的成球率和小球的生根率,扦插前可以利用适量浓度的植物生长调节剂处理鳞片。内层小而薄的鳞片不适宜做扦插繁殖材料,留下的中心小轴可单独栽培,自成一个新球茎。

7. 扦插方法

在整好的苗床上按行距 10～15 厘米开横沟,沟深 7 厘米左右,沟底要平整,然后,每隔 3～4 厘米摆入一块鳞片,将鳞片基部向下,顶尖朝上直插入苗床土中(在插入鳞片时,要防止碰伤鳞片),栽后覆土 3～5 厘米(土壤要细绵松软,不能有大土块,切勿覆土过深或过浅,否则对其形成愈伤组织和分化小球茎不利)。

8. 插后管理

(1)浇水:扦插工作完成后浇 1 次透水,以后保持土壤一定湿度,但浇水不宜过多,否则易腐烂。

(2)温度:温度是对扦插鳞片生根和产生小球茎影响最大的环境因素。百合生长的适宜温度为白天温度 20～25℃,夜里温度 10～15℃,通常情况下过高或过低都会影响鳞片生长,但在鳞片扦插过程中,高温、高湿可能更有利于促进小球茎的萌发。

另外,鳞片扦插前,2～5℃的低温处理可显著提高繁殖率和成球率,但不同品种对温度的反应也有所不同。若温度合适,鳞片扦插后,一般要经过 50～60 天的时间,鳞片剥伤处再生出的小球茎就开始顶土出苗。

(3)苗期管理:未出苗前,要进行芽前除草,一般用圃草封、二甲戊灵、果尔、地乐胺、毒草胺、异丙隆等旱地专用除草剂。喷洒甲基异柳磷等农药,防治地下害虫为害,并每亩施腐熟的农家肥 1000～1500 千克。

出苗后不宜再深耕除草,以免伤害根系。当苗高 10 厘米左右时,及时中耕除草 2 次。在 5 月上旬进行 1 次深中耕,并注意培土。

苗高 20 厘米时,施 1 次提苗肥,每亩施尿素 10～12 千克,钾肥 7.5～10 千克。

苗高 30～35 厘米时,及时打顶、摘头,主要是控制百合生殖生长,促进球茎迅速膨大。这时,切忌盲目追肥,以免茎节徒长,影响球茎发育肥大,以便集中养分向球茎输送。

9. 收种

南方秋季插植的鳞片,第二年秋季可采收直径约 1 厘米的小球茎,第三年秋季采收,大的已达到种用球茎标准,小的可继续培

育 1 年。北方早春播种的鳞片不掘起,到第三年球茎达到种用球茎标准时,才掘出作大田栽培用。

如龙牙百合播种 1 亩苗床,需球茎 300 千克。第二年秋天可收获小球茎 350 千克,播种苗圃 2～3 亩。第三年可收 1000 千克,播种大田 5 亩。兰州百合播种 1 亩苗床需球茎 250 千克,第三年收获的种用球茎可播大田 5 亩。

(二)室内沙培法

1. 室内苗床的选择

选择阴凉通风、气温较低(20℃左右)且较稳定的泥土地面的房子 1 间。

2. 播种期、种用球茎消毒及繁殖鳞片的选取

同室外苗床扦插法。

3. 扦插方法

在地面铺一层 5 厘米厚、宽 1 米、长度不限的洁净湿河沙。然后,摆一层鳞片,盖一层湿沙,共摆 5 层,上面再盖 5 厘米厚的湿沙,堆高 25～30 厘米为宜。

4. 插后管理

扦插工作完成后浇一次透水,以后保持土壤一定湿度。15 天左右鳞片上即可长出直径约 1 厘米的小球茎。经 25 天左右就能长出 3 厘米长的根。在 1 个月内,便可连同鳞片、小球茎,带根移植到大田继续生长。

目前国内和国外一些产区,为保证种苗的质量,多采用育苗箱育种。即将剥取的鳞片,于 9～10 月扦插到填入酸性红土或发酵木屑的育苗箱中,10～11 月开始加温至 20℃,3 个月后,即 1 月份将育苗箱放置室外,进行自然低温处理,经 8～12 周处理,气温回暖时,植株能很快萌生绿叶,正常生长。此法培育的幼苗,抽薹开花早,球茎增长快,病害显著减轻,是优良的种苗。

（三）鳞片气培法

鳞片气培法就是从百合球茎上剥取鳞片暴露在空气中，进行人工控制条件下的开放式培养。在培养过程中，不需要任何培养基质，不添加任何营养液，在室内经 60~80 天，培养出根、叶、球茎齐全的百合植株（称之为百合籽球），并将其籽球移植田间栽植，就可以正常出苗、生长、并发育成百合种用球茎，大大地缩短了百合的生长周期，且籽球生长良好。

生产实践证明，兰州百合、龙牙百合、宜兴百合、卷丹百合、东方百合、亚洲百合等可以采用鳞片气培法来培育籽球。利用此法可进行工厂化批量生产。培养时间应与大田茬口相接，在 12 月至次年 1 月即可进行。

1. 培养室的准备

培养室要具备供暖、保温、通风和换气以及能透光或安装有光源、补湿、具备上下水装置等设备。地面要光滑洁净，防渗水，易冲洗。鳞片气培法采用立体培养方式，每平方米的培养室可生产出 5 万~6 万个籽球。可依此为据，来确定培养室的规模或大小。

培养室使用前 2~3 天要冲洗干净，并用硫磺粉熏蒸杀菌 10 小时以上。

2. 百合球茎的选择

用于气培的百合球茎片质量对气培效果影响很大。因此，应选择优质百合球茎，即个大、无病斑、外观整洁的独头或双头百合的球茎，其横径 8 厘米、纵径 6 厘米以上；经冷库贮藏的百合球茎，用料前，要先经过解冻处理，即将贮存在冷库里的百合球茎，放置在 10~15℃ 条件下，使其缓慢解冻，待球茎恢复到正常的活体状态。

3. 剥取鳞片

选出的母球先去除外围干皱的鳞片，再掰取新鲜的鳞片进行培养。剥离时,应从鳞片基部进行剥离,要避免损伤,从球茎上剥取的鳞片,要求其宽 2 厘米、厚 3 毫米以上。内层小而薄的鳞片、剩余的球茎部分可作为百合种用球茎及时沙藏备用。

4. 鳞片处理

剥取后的鳞片,用自来水冲洗 2~3 次,并用手轻轻搅动(避免造成新的伤口),以便洗净,然后将鳞片捞出,控干水后,再用 500 倍多菌灵药液或 AM 复合生物菌剂 300 倍液浸泡处理 1 分钟,有防腐烂的效果。

5. 鳞片装箱

培养箱选用四周有缝的塑料筐或篮,将其冲洗洁净,并用水进行蒸或煮消毒处理。筐内不加任何营养物质和基质,只用干净的湿布垫底。将冲洗洁净的百合鳞片,轻轻放到培养箱中,每箱盛放百合鳞片的厚度,不要超过 10 厘米,其上用湿布覆盖。为充分利用空间,培养箱可叠放,底层的培养箱要用物垫起,使箱底离地面 10 厘米左右,以防箱底材料被污染。每 7~8 箱叠放为一组,每 10 组为一列,其列间设通道,通道宽 60~80 厘米,以利于空气流通,便于人员走动或检查。

6. 器官的分化

应用百合鳞片气培法培育百合母籽,在环境条件适宜时,百合鳞片再生籽球的形成可分为 3 个时期,即籽球形成期、肉质根形成期、叶片形成期。

(1)籽球形成期:气培 10 天以后,基部维管束明显加粗。14~16 天时,基部开始膨大,形成愈伤组织。第 20~25 天,80%的鳞片剥伤处可形成 3~7 颗小籽球。

(2)肉质根形成期:第 25~30 天,有 90%~96%小籽球的基部开始生根。随着培养天数的增加,每颗籽球可分生出 3~5 条肉质根。

(3)叶片形成期:培养到第 50 天前后,有 10%的籽球,开始抽生柳叶状的条形叶片,培养到第 50～60 天,60% 可以抽生叶片(每颗籽球可抽生出 3～5 片真叶)。在光照条件下,叶片可以进行光合作用,其叶色浅绿。

7. 气培中的管理

(1)温度控制:因为要与大田茬口相接,所以在 12 月至次年 1 月进行气培,北方正值冬季,可利用暖气、电热器、空调等采暖设施,使培养室温度前期(25 天)控制在 25～28℃,中期(25 天)控制在 20～25℃,后期(30 天)控制在 20～15℃。气培中期是腐烂最多的时期,所以要控制好温度。

(2)湿度控制:培养前期,用自来水每 3 天冲洗 1 次培养箱中的鳞片,并拣出腐烂鳞片。每次冲洗时,要将培养箱上下、左右互换位置,使培养材料所处的温、湿度条件,均匀一致。同时,每 7～8 天,将培养箱置于水槽中,用自来水及时洗去黏液物或杂菌。因多次地冲洗和淘洗鳞片,并且不时用自来水冲洗地面,培养室不需另外增湿。

(3)光照控制:气培前、中期,即 50 天内,光照对其影响不大,后期要加强光照。

(4)通风:根据培养室的温度、湿度、空气状况,每天下午 3～4 时,要开窗通风或空调换气 30 分钟左右,以保持培养室内的空气新鲜,以有利于鳞片再生籽球的形成和生长。

(5)污染处理:一旦培养材料被污染,可用多菌灵 500 倍液,或应用 AM 复合生物菌剂 300 倍液浸泡 1 分钟消毒。

8. 移植大田

经过室内 60～80 天培养,鳞片上球茎、根、芽形成,小球茎数目基本稳定,直径生长日趋缓慢,鳞片养分消耗很大。此时,应及时分离籽球移入大田苗床,以加强养分的供给,并加强光照,以免因养分和光照不足造成小球茎萎缩,及抽生叶片黄化等现象。未抽生叶片的小球茎移入大田后可正常生长。

(1)土壤准备:气培籽球需要肥沃疏松的土壤,春季籽球土壤培养前 3～5 天结合整地,每亩施腐熟优质农家肥 2000 千克、磷肥 50 千克、尿素 20 千克或磷酸二铵 15 千克,浅耕入土,耙平整后待播。

(2)籽球分离:百合鳞片经 60～80 天的培养,再生出的气培籽球,均能生长出众多的肉质根和叶片,这些肉质根和叶片相互之间容易缠绕在一起。分离时,将培养箱漂浮于水池中,借助水的浮力使带籽球的鳞片相互疏松、散开、分离,以便于带籽球的鳞片进行土壤培养。

(3)播种:在整好的苗床上按行距 10～15 厘米开横沟,沟深 7 厘米左右,沟底要平整,然后,每隔 3～4 厘米摆入一块连同母瓣的气培籽球,栽后覆土 3～5 厘米厚。播种完毕,浇一次透水后便进入田间管理阶段。

(4)田间管理:出苗后,及时中耕,锄草防病,视土壤墒情浇水。第二年,苗高 20 厘米时,每亩施尿素 10～12 千克,钾肥 7.5～10 千克。进一步加强田间管理,以促进籽球的正常生长。

9. 收挖种用球茎

气培籽球在田间生长 1～2 年后,即可收挖种用球茎,按标准分级选种,进入百合正常的生产管理程序。

二、其他繁殖法

小球茎繁殖、珠芽繁殖、种芯繁殖、组织培养法和种子繁殖方法不适用于引种后的扩繁,但作为百合生产中的繁殖方法,这里一并介绍,以方便在以后的生产中选择应用。

(一)小球茎繁殖法

百合在生长过程中,能从老球茎上部及埋于土中的茎节处,生长出多个小球茎(即仔球),可把它们分离,作为繁殖材料另行栽植。许多百合都能形成仔球,如兰州百合,每株百合一般可生 20 个左右,多的可达 30 个。

这种方法的优点是繁殖时间缩短(1～2 年即可得到种用球茎),病害较少,有一定的更新复壮效果;缺点是数量增长慢,用种量大。

1. 人工促生小球茎

为了提高繁殖率,促进更多小球茎的形成,可采用人工促成法。

(1)将球茎适当深栽,使茎的地下部位相对增长,有利于产生小球茎。

(2)百合开花后,将地上茎留 40 厘米剪去上部茎叶,可促使地下茎节形成小球茎。

(3)百合开花后,将茎压倒浅埋土中,促使叶腋间形成小球茎。

(4)百合开花后,将茎带叶切成小段,每段带叶 3～4 片浅埋在湿沙土中,经过一定时间,在叶腋内可产生小球茎。

仔球形成较多的植株,会影响大球茎的生长发育,影响商品百合的产量和质量。据调查,小球茎约占球茎总产量的 20%,其中达到种用球茎标准的(30～50 克)约占小球茎总重的 60%。所以,人工促生小球茎,不要大面积应用于生产中。

2. 小球茎的收获

在 9～10 月收获百合时,同时收获小球茎,并根据小球茎的大小进行分级,30～50 克的直接做种用球茎,20～30 克重的仔球,培育 2 年即可当作种用球茎,10～20 克及 10 克以下的则要培育 3 年才能达到种用球茎标准。将分级后的小球茎在室内沙埋单独贮藏。

3. 栽植

用小球茎培育种用球茎,在秋季或早春均可播种。秋季播种的,来年开春出苗早,生长快,在土壤墒情较好时,应尽可能秋季

播种。

小球茎播种的苗床宜选在湿润、疏松肥沃、排水良好的沙土或腐殖土地块,结合整地每亩施腐熟农家肥 2000 千克,然后耕翻,做成宽 1～1.2 米的苗床,两苗床间开宽 20～25 厘米、深 10～15 厘米的排水沟。

播种前,挑选无病虫伤害、近似圆球形的仔球作种,并将仔球茎底盘上的须根剪去。用 2‰福尔马林液浸泡 15 分钟消毒,取出稍晾后,按行距 25 厘米,沟深 5～7 厘米,每隔 5～7 厘米摆 1 个小球茎覆土。覆土后浇 1 次透水。

4. 田间管理

第二年春季出苗后,及时进行中耕除草等管理。

第三年春,苗高 20 厘米时,每亩施尿素 10～12 千克,钾肥 7.5～10 千克,并及时进行中耕。一般较大的仔球,生长 3 年后,秋末冬初即可采收作种用球茎用,较小的仔球如达不到种用球茎标准可再培育 1 年。

(二)珠芽繁殖法

珠芽培育法适用于产生珠芽的品种,如卷丹品种、宜兴百合等,每株可产生珠芽 40～50 粒以上。珠芽培育种用球茎,生长缓慢,在田间的时间长,培育过程中无收益,因此,生产上多不采用此法,只有引种和大量发展生产中遇到种用球茎缺乏时采用。

1. 珠芽的采收

6 月中旬是采收珠芽的适期。采收珠芽宜在晴天进行,用短棒轻轻敲打百合植株中部和下部,把珠芽打落在容器内。然后,把采收的珠芽与湿润细沙混合贮藏阴凉通风处,待 9 月下旬至 10 月上旬栽植用。

2. 珠芽的栽植

珠芽栽植的适宜时间是 9 月下旬至 10 月上旬。

要选择土质疏松、排水良好的地块栽种。按行距 12～15 厘米,开 4 厘米深的播种沟,沟内每 4～6 厘米播珠芽 1 枚,播后覆土 3 厘米左右,并覆草以利安全越冬。

3. 田间管理

第二年春季出苗时揭除覆草,并追肥浇水,促使秧苗旺盛生长。秋季地上部枯萎后挖取小球茎,此时球茎直径已有 1～2 厘米,随即再另设苗床播下,行距 30 厘米,株距 9～12 厘米,覆土厚度 6 厘米。

第三年春季出苗后施肥管理,使秧苗健壮生长。秋季掘起时,30～50 克的球茎可作种用球茎,较小的再培育 1 年。

（三）种芯繁殖法

当百合收获后,将长成球茎的剥下后可用于食用、药用,或加工成食品等,将种芯部分作繁殖材料再重新栽入大田中。

1. 球茎选择

选择无病害、球大、洁白、没有病斑、根系发达、分瓣清晰、抱合紧凑的植株作种。

2. 留芯

龙牙百合一般每个母球由 2～3 个子鳞茎组合而成,在加工干片时,把子瓣分开,使每个子瓣都带有茎底部盘及根系,将每个子鳞茎外部大鳞片剥除,留下种芯作繁殖材料。用沙藏越夏,待秋凉后播种。

宜兴百合一般每个母球有 3～5 个子鳞茎,可直接沙藏到 9～10 月后,分开成 3～5 个种芯作种;也有将外部较大鳞片剥去一半或一大半,留下较小种芯作种用,但其大田栽培密度要增加到 2.4 万～3 万株,生长周期需增加 1 年。

3. 播种

可垄栽,可畦栽,可沟栽,可穴栽,覆土约 5 厘米,密度视百合

根基数量和土地面积而定。

约过月余,从根基部分又可生长出新生小球茎,经 2～3 年的培养,便可长成商品种用球茎。

4. 田间管理

田间管理同其他繁殖方法。

利用较大的种芯繁殖,第二年可获得较高的商品产量,但繁殖系数小,每亩需用种 300 千克以上,连续繁殖 4～5 年后,种性易退化,病害加重,必须更新种子。

(四)种子繁殖法

适用于能开花结实而产生种子的品种。一般一个果实能结几百粒种子,种子在一般条件下贮藏,发芽力可保持 2 年;在低温干燥条件下贮藏,发芽力可保持 3 年。种子繁殖的优点是繁殖系数较高,其缺点一是育苗期较长,一般需 3～4 年时间;二是易发生品种变异。因此,种子繁殖在某些特定场合和条件下仍需要采用。另外,在新品种培育过程中也经常采用种子繁殖法。

1. 播种时间

可于 9～10 月份采集后即时播种。无播种条件,也可在 9～10 月份采集成熟的蒴果,置通风干燥的室内晾干。

2. 苗床准备

选择肥沃的沙壤土,地势高、排水良好、土质疏松的地块。选好地后,撒施优质腐熟厩肥,耕翻 25～30 厘米,耕细整平。整地成平畦,畦面宽 120 厘米,长 240 厘米,畦间距 30 厘米。用 4 份菜园土、4 份充分腐熟的堆肥,与 2 份河沙混合拌匀,铺于畦面,厚约 10 厘米。

3. 播种方法

种子撒播后盖细土 3 厘米,再覆草盖膜。慢发型百合种子需要经过两个冬天后才出苗,快发型需翌年春季方可出苗。

4. 田间管理

(1)揭膜(草)、间苗:春季出苗后揭去膜(草),进行间苗。

(2)中耕除草:在百合苗出齐后及时除草、松土。在1～2年生的百合地里,可深耕15～20厘米,在3年生地块中耕,宜浅不宜深,以防损茎、伤根。

(3)灌溉与排水:百合比较耐旱,一般不需浇水,但久旱不雨,亦应灌水1～2次,可以提高产量。百合最忌积水,在雨季,特别是当百合处于休眠期,更要及时排水,以免烂球。

(4)施肥:百合是需肥较多的植物。除施足基肥外,还要在百合球茎栽后的第一年、第二年春季,追施腐熟的农家肥。在百合出苗后20～30天,可施一次液体肥料,如豆饼水或0.5%的硫酸铁溶液,或0.2%硝酸钾+0.2%的硫酸铁溶液,以促进植株生长。

(5)采收种用球茎:培育3～4年后的秋季采收球茎,合格的球茎方可作为种用球茎。

(五)组织培养法

组织培养繁殖是利用百合的球茎盘、鳞片、珠芽、叶片、茎段、花器官各部和根等组织作为繁殖体,采用植物克隆技术培育成试管苗,然后,栽植于苗床或基质中产生种用球茎的一种方法。组织培育繁殖法可提高繁殖系数成千上万倍,可加速优良品种的快速推广。同时,还可利用组织培养技术生产出脱毒苗,以及通过胚培养获得远缘杂交的新品种。与常规方法相比,组织培养法是百合繁殖中科技含量最高的一种方法,一般要用高科技手段才能进行。

1. 所需设备、仪器

组织培养所需设备、仪器及设施包括无菌培养室、培养架(安装有日光灯)、光照培养箱、超净工作台、高压灭菌锅、液体摇床、恒温培养箱、pH值测定仪、天平、育苗盘、烘箱、冰箱、显微镜、蒸馏水器、试管、培养瓶、烧杯、试剂瓶、蒸馏水瓶、镊子、剪刀、接种针、

高温塑料纸或塑膜、棉线、纱布、日光温室遮阳棚以及组织培养所用的玻璃器皿等。

2. 准备工作

（1）消毒：接种室、培养室及其一切用品要擦拭、冲洗洁净、用紫光灯照射等方法杀菌，彻底消毒；玻璃器皿、工具等用品要洗涤洁净，高温干燥消毒。

（2）母液配制

①MS母液配方

母液Ⅰ（大量元素）：硝酸钾1900毫克/升，磷酸二氢钾170毫克/升，硫酸镁370毫克/升，硝酸铵1650毫克/升，氯化钙440毫克/升。

母液Ⅱ（微量元素）：硫酸锰22.3毫克/升，硫酸锌8.6毫克/升，硼酸602毫克/升，硫酸铜0.025毫克/升，碘化钾0.83毫克/升，钼酸钠0.25毫克/升，氯化钴0.025毫克/升。

母液Ⅲ（铁盐）：乙二胺四乙酸二钠7.45毫克/升，硫酸亚铁5.57毫克/升。

母液Ⅳ（有机成分）：甘氨酸2毫克/升，烟酸0.5毫克/升，肌醇100毫克/升，蔗糖30 000毫克/升，琼脂8000毫克/升，维生素B$_1$ 0.4毫克/升，维生素B$_6$ 0.5毫克/升。

②MS母液配制方法：各种营养成分的用量，除了母液Ⅰ为20倍浓缩液外，其余的均为200倍浓缩液。

母液Ⅰ、母液Ⅱ及母液Ⅳ的配制方法：每种母液中的几种成分称量完毕后，分别用少量的蒸馏水彻底溶解，然后再将它们混溶，最后定容到1升。

母液Ⅲ的配制方法：将称好的硫酸亚铁和乙二胺四乙酸二钠分别放到450毫升蒸馏水中，边加热边不断搅拌使它们溶解，然后将两种溶液混合，并将pH调至5.5，最后定容到1升，保存在棕色玻璃瓶中。

36

各种母液配完后,分别用玻璃瓶贮存,并贴上标签,注明母液号、配制倍数、日期等,保存在冰箱的冷藏室中。

(3)配制培养基

①百合培养基配方:一般用琼脂固体培养基,常用配方是 MS＋蔗糖或白糖 30 克/升,按需要加入各种植物激素。

Ⅰ.无菌种子培养:用 1/2MS,不加任何激素,种子可萌发为无菌实生苗。

Ⅱ.鳞片、叶片培养:用 MS＋BA(6-苄基氨基嘌呤)(0.1～1.0)毫克/升＋NAA(萘乙酸)(0.1～1.0)毫克/升。对于不同品种的百合,鳞片或叶片都可产生小球茎状突起而分化成苗。

Ⅲ.茎段、花柱和珠芽的培养:用 MS＋IAA(吲哚乙酸)1 毫克/升＋BA 0.2 毫克/升,可以直接分化出芽。在花器官中以花丝为材料,优于花柱和子房。

Ⅳ.根的培养:以百合根为材料,在 MS＋NAA(0.5～1.0)毫克/升的培养基上,形成肿胀的粗根,将其切成小段,转到 MS＋BA2 毫克/升＋NAA 0.2 毫克/升的培养基上培养,便能分化出苗,5～6 个月后,能形成直径 17 毫米左右的球茎,移栽后成活情况良好。

Ⅴ.胚培养:培养时仍以 MS 培养基较好,蔗糖浓度视种类而异,常为 20～40 克/升。pH 值以 5.0 较为适宜,NAA 用量只宜为 0.01～0.001 克/升,加入适量 BA 有利幼胚成活。高 BA 会抑制胚根的产生,并促进胚组织愈伤组织化。通常先用 MS＋BA 1 毫克/升＋NAA0.1 毫克/升培养促进愈伤组织生长,然后将长大的愈伤组织转移到 1/2MS 不加任何激素的培养基上,约 2 个月后,可形成大量的不定芽,延长培养时间,就会生根,产生出完整的杂交苗。

②培养基配制方法

Ⅰ.培养基定容:在有刻度的容量杯或烧杯中盛一定量的蒸馏

水,以防加入药液时溅出,再按 MS 培养基母液、生长调节物、琼脂、蔗糖的顺序,依次加入到烧杯中,边加热,边搅拌,边定容,直至琼脂完全溶解。

Ⅱ.加热溶解:培养基定容后继续加热,至培养基热溶液混溶一体时,即可停止加热,及时分装。

Ⅲ.分装:将培养基热溶液,快速分装到培养瓶或三角瓶中,在培养基冷却前分装完毕。

Ⅳ.封盖:分装完毕后的培养瓶,要用耐高压高温的塑料纸或塑膜封口,用绵线绳或皮筋扎紧封口。

Ⅴ.灭菌:将封盖后的盛有培养基的培养瓶,放置在高压蒸汽灭菌锅中,培养瓶不能倒置,盖好锅盖,拧紧盖阀,加热升温,放出冷气,然后进一步升温升压。当压力表升至 103.42 千帕(温度121℃)时,保持 20 分钟即可。此时,关闭热源,使高压蒸汽灭菌锅内压力慢慢降下来后可打开气阀,排出剩余蒸汽,揭开锅盖,取出培养基瓶,直立放置,培养基保持平面。

Ⅵ.培养基冷却平面:培养基保持平面,在培养室放置 3 天,若没有污染反应,该培养基就可以使用。

③注意事项

Ⅰ.在使用提前配制的母液时,应在量取各种母液之前,轻轻摇动盛放母液的瓶子,如果发现瓶中有沉淀、悬浮物或被微生物污染,应立即淘汰,重新进行配制。

Ⅱ.用量筒或移液管量取培养基母液之前,必须用所量取的母液将量筒或移液管润洗 2 次。

Ⅲ.量取母液时,最好将各种母液按将要量取的顺序写在纸上,量取一种,划掉一种,以免出错。

3.组织培养方法

(1)外植体的选择:外植体是指离开原植物体的器官和组织。百合的外植体可选用百合的球茎盘、鳞片、珠芽、叶片、茎段、花器官各部和根等器官或组织。

(2)材料消毒：选取的材料先用自来水冲洗 1～2 遍，再用洗涤液清洗干净，放入 75％的酒精中浸泡 1 分钟，并不断摇动后取出，然后用 0.1％升汞溶液或 10％次氯酸钠溶液消毒 10～20 分钟（视材料老幼而异），取出后用无菌水冲洗 3 次，最后用滤纸吸干材料表面水分，放入表面皿中切成 5～8 毫米的小块或切段，进行接种（花器官等培养时，常取未开放的花蕾，消毒后切开，取其内材料接种）。

(3)接种：工作人员要穿上经过高压蒸汽灭菌的工作服，戴工作帽和口罩，剪去指甲，用肥皂擦洗手，并在新洁尔灭溶液中浸泡 10 分钟。接种操作前，再用 70％的酒精擦拭后，方可上超净工作台操作，将经过消毒处理的百合外植体小块接种于培养基上。若接种茎尖、茎段等，则将其基部插入固体培养基中；若接种的是叶片，将其叶背分别接触培养基表面。每支培养瓶接种 5～10 块外植体小块。接种后，及时封盖，并逐个地做好标记、名称、接种日期等。

(4)初代培养：将外植体接种在培养基后，进行的培养为初代培养。培养条件为温度 25℃±2℃，光照强度 1000 勒克斯，每天光照 12～14 小时，培养室空气相对湿度保持在 70％～80％。在此条件下，经过 7～10 天培养，其外植体开始膨大，随后形成愈伤组织和小球茎状突起物。40 天后，愈伤组织和小球茎状突起物上，进一步分化并形成小球茎、叶、根的完整植株，即成为百合试管苗。

(5)继代培养：在初代培养成功的基础上，对培养基稍作调整，即提高 BA(6-苄基氨基嘌呤)的浓度为 1 毫克/升，这样在高浓度 BA 和低浓度 NAA(萘乙酸)的培养基上，则能形成大量的小球茎状突起物。对这些小球茎状突起物，用无菌操作方法，反复切割和转移到新的培养基上，进行多次的继代培养，就可以在短期内得到大量的小球茎突起物，再将其接种转移到加有降低 BA 浓度为

0.2毫克/升和 IAA 1.0毫克/升的培养基上,进行培养,就能逐步分化形成小球茎、叶、肉质根等,形成许多生长正常的完整百合植株,即可完成试管苗的培育过程。

4. 试管苗的移栽

通过继代培养和扩大繁殖,经多次被接种或转移的愈伤组织,在新的培养基上被诱导,并形成小球茎、叶、肉质根等完整的百合试管苗,一般需要 50~60 天的时间。此时,每个小球茎可生长出 1~5 条肉质根,抽生出 1~3 片真叶,能进行微弱的光合作用。这时候,就可以进行试管苗的移栽。

(1)土壤准备:视移栽时间的不同而异。若在冬季定植,则要具备温室条件;若是早春,则同样要具备温室或温棚条件,若是春末夏初,就可以直接在露地进行移栽工作。对土壤温度要求达到 13~20℃,并具备肥沃、疏松、湿度适宜的土壤,土壤绵软,不能有结块,把糖整平待播。

(2)炼苗:百合试管苗移栽前,先要进行炼苗,即在培养室揭去培养瓶盖,与室内空气中敞开 3~5 天,然后移入温室或温棚 1~2 天,继续炼苗后,即可准备移栽。

(3)洗苗:移栽前,先将试管苗从培养瓶中用手轻轻掏出来,置于自来水或清洁水中,进行淘洗,洗去试管苗根部黏着的培养基等杂物(这些培养基杂物最易感染病菌)。

(4)开沟栽植:人工开沟,沟深 5 厘米,沟宽 5 厘米,在定植沟的两个沟边,放置经淘洗后的试管苗,株距 5 厘米,依次栽植,边栽边覆土,覆土厚度 1 厘米(试管苗前期顶土能力较弱,因此要深开沟,浅覆土,覆土不宜太厚)。栽植多行后,再覆盖塑膜,保温保湿,以利于试管苗的顶土和出苗。

(5)揭膜:试管苗栽植后,若温度等条件适宜,1 个月后,试管苗可以顶土出苗,此时可以揭去地膜,同时在定植沟里壅土,以增加覆土厚度。在自然状态下,生长 1 个月后的幼苗,其顶土能力也相应增强，便进入正常的田间管理阶段。

5. 田间管理

试管苗在温室或温棚等自然状态下顶土出苗后，其生长能力逐渐增强，加强田间管理十分重要。

随着幼苗抽生真叶数量的增多，对营养物质需求也相应增强，则要及时中耕松土、拔除杂草，追施优质腐熟的有机肥料，及时防治病虫害，这样就为培育出大量的优质百合种苗，奠定了基础。再经过 2 年的培育和生长，百合球茎重量超过 20 克的种用球茎，就可以直接提供给生产田使用；而百合球茎重量不足 20 克的种用球茎，则需要重新选地，在田间进行第二次栽植后，继续培育 1～2 年，便可生长发育成百合大种用球茎。

第三章 百合的商品化生产与管理

百合引种后经过 2~3 年的扩繁,种用球茎数量足以满足大田商品生产后,把种用球茎栽入大田,即可进行百合的商品化生产与管理。

第一节 商品百合的露地栽培

食用百合露地栽培就是不需要其他栽培设施,根据百合在自然状态下的生活习性,利用自然气候、土地、肥力等条件,人工管理的栽培方式。露地栽培生产成本低,是食用百合生产中栽培最多的形式。

一、栽植地选择与茬口安排

1. 栽植地选择

百合属半阴性植物,适应性广,能在多种土壤中栽培。生产中发现,沙质土壤中栽种的百合,球茎生长迅速,且色泽洁白,品质优良,但球茎不紧密,收获后易于萎凋,不宜作种用球茎;改良后的黏性土壤中栽种的百合,球茎紧密,品质也好,但生长缓慢,产量不理想;腐殖质太多的土壤栽种的百合,球茎生长肥大快,但鳞片多生污斑点,且风味欠佳。

总之,要根据百合喜阴湿,既怕干旱,又怕渍水等特性,平原地区宜选择地势较高燥、排水与抗旱比较方便、土层深厚、土质疏松肥沃的黑沙壤土栽种较为理想。丘陵或山区宜选择坡度为 5°以下的半阴半阳的疏林下或荒地种植。

百合适于中性至微碱性(pH 值为 5.5～6.5)的土壤中栽培,在生产中应据其需要选择适宜的土壤。如果土壤条件不理想,可用增施有机肥或石灰的方法调节。酸性低的土壤则应用生石灰改良(生石灰改良土壤还可杀死一些土壤中的病菌及地下害虫),碱性较重的土壤用磷酸加入泥炭改良,用量视具体情况而定。对于较黏重的土壤,可加入稻壳、松叶及草炭混合以改良结构。

2. 轮作倒茬

百合忌连作、重茬。因为连作、重茬,可使土壤内病原菌增加,易遭真菌病害及土传疫病的危害,致使百合品质变劣,产量下降。合理地轮作倒茬,不仅可以培肥地力,减少病虫危害,而且可以提高百合的产量。

水旱轮作区,种植百合可与其他作物 2～3 年轮作 1 次,旱作区与其他作物 4～5 年轮作 1 次,前茬以小麦、水稻、豆类、瓜类、油菜为好,不能选择种植过辣椒、茄子、甘薯、马铃薯、甜菜、烟草、葱蒜类、贝母等的田地。

3. 间作套种

由于百合有喜阴的特性,加上百合一年内仅增殖 2.5～3.5 倍,有相当长时间地面空间是空闲的,因此,可与多种作物间套作,以提高土地利用率,增加经济收入。只要间作套种合理,不但不会影响产量而且可以提高产量和品质。

百合特别适宜和林果间作,百合为短,1～3 年见效,林果为长,以短养长,互相促进,如和杨树、槐树、松树、梨树、苹果树、杏树、桃树、李树、樱桃树、栗树、花椒树、柿子树、枣树等间作。还可和农作物玉米、大豆、小麦、高粱、杂粮等,蔬菜萝卜、乌塌菜、白菜、豆角、菠菜、姜、西瓜、山芋等,饲草药材花卉苜蓿、桔梗、黄芪和其他花卉等栽植。可丛植、行栽、起垄、平植结合均可,当年或多年收

均可。间作时应注意增加基肥用量和追肥次数，以保证土壤有足够的养分。对间作要早安排，在秋季下种时就要根据后期间作作物而合理安排百合球茎的株行距。

二、栽种期

百合种用球茎的栽植时间，可分为秋栽和春栽，而以秋栽为宜。但百合在我国栽培分布较广，各地气候条件相差很大，因此播种期的确定应根据本地情况灵活掌握。

秋季栽植，冬前虽不出苗，但在土中发根，翌春出苗早，苗的长势比春植的旺盛。播种时一般要求种用球茎已完成休眠阶段，部分根已萌动，外界气温已下降到日平均气温在 20℃ 左右，无 32℃ 以上高温出现，选在秋雨过后晴天播种。在长江中下游地区，栽植适期是 9 月下旬至 10 月中下旬。在栽植期内适当早种可充分利用冬前有效积温，促使下盘根的生长发育，在越冬前形成较好的根系利于过冬和翌春早出苗、出壮苗。

春季栽植宜于春季解冻后尽早栽种。春季栽植，一要注意保墒；二要注意栽植的时间，宁可早一点，不可过晚。否则，一旦顶芽抽生出来，再进行栽植时，顶芽容易受到损害。顶芽受损或折断，当年不再抽生新的茎秆，种用球茎或球茎处于无光合作用的内消耗状态。所以，春季栽植百合一定要在种用球茎的顶芽伸出球茎顶以前，进行栽植工作。

但根据经验看，秋季栽植比春天栽植早出苗 20 天，现蕾期提前 7 天，株高平均增高 7.9 厘米。

三、整地、施肥、作畦

根据栽植的形式和栽植的时间，提前做好种植前的一切准备工作。

1. 重施有机基肥

百合的生育期较长,需肥量较多,后期追施肥又容易诱发病虫害。所以,重施基肥是夺取百合高产的重要措施。基肥以有机肥料为主,种植前,一般每亩用腐熟的优质农家肥 1500～2000 千克,草木灰 500 千克,饼肥 50 千克,复合肥 20 千克,均匀撒于田间。各地土壤肥力不同,肥料施用也应根据土壤实际情况而定。

在肥料施用过程中,应注意堆肥、厩肥、饼肥等必须充分腐熟,基肥不可与种用球茎直接接触,防止引起腐烂。

2. 合理深耕整地

百合是地下球茎作物,故百合地的翻耕深度要求在 30 厘米以上。翻耕时间。秋季种植一般在前茬作物收获后,选择晴天立即翻耕晒地,尤其是水田更需要抢时间深耕暴晒;春季种植要在解冻后、栽种前 1 个月翻耕晒垡,土地要深翻,做到平、净、细、碎,消除杂草等。

3. 作畦

在播种前,进行土壤消毒处理,一般每亩用 20% 甲基异柳磷乳剂 200～250 克喷布或毒沙处理,防治地下害虫;用 50% 多菌灵可湿性粉剂 1 千克兑水 500 千克喷洒土壤,进行灭菌;也可在播种前用必速灭熏蒸土壤,按每平方米用 10～15 克药,均匀混入土壤深层 10～20 厘米,拌均匀,洒水保湿(土壤相对湿度 40% 左右),然后立即覆盖地膜 3～4 天,3～4 天后揭膜,开沟作畦。

畦可做成高畦或平畦。凡坡地、丘陵地、地下水位低且排水通畅的地方,可整成平畦。畦宽 1～1.2 米,两畦间开宽 20～25 厘米,深 10～15 厘米的排水沟。在地下水位高,雨水较多的地方,应整成高畦栽培,畦高 30 厘米,宽可达 100 厘米,长度依地段而定,畦间沟宽 30～35 厘米,深 15～20 厘米,以利排水。北方也有采用垄作,垄基部宽 60 厘米,顶约 30 厘米,高 25～30 厘米,沟底宽约 30 厘米,灌排水均较方便。

四、栽植

1. 种用球茎选择

百合球茎的产量结果与种用球茎的大小密切相关。种用球茎大,产量高;种用球茎小,产量低。为了提高产量,便于田间生产管理,一般要选好种用球茎。

兰州百合要选择鳞片洁白、抱合紧密、大小均匀、表面无病斑的种用球茎,特别要选单芽的作种用球茎;宜兴百合以成品球茎的鳞片(即子鳞茎)作种用球茎,一般选用含 4 瓣的作种用球茎,这种球茎作种用球茎既不过大又不过小,每个子鳞茎重 30～40 克,而且形状圆整。龙牙百合的种用球茎和宜兴百合相似,一般一个种用球茎含有 2～3 个鳞片,重量大小为 100～150 克,播种前分瓣后,种用球茎重约 50 克。

此外,种用球茎还要选择无病虫伤害、洁白、无霉点、球茎无损伤、鳞片紧密抱合而不分裂的球茎栽植为宜,严格剔除畸形、夹有烂瓣的种用球茎。

2. 种用球茎处理

种用球茎选好后,播种前将种用球茎的球茎底盘的根剪去,如果根系良好,也可保留。

(1)分离子鳞茎(图 3-1):在播种前 15～20 天,要将多个子鳞茎组成的母鳞茎进行分离,即把子鳞茎逐个分离。在分离子鳞茎时要注意用力均匀,一定要使每个子鳞茎带上茎底盘。同时将茎底盘灰黑、鳞片有病斑、烂片、虫口严重等缺陷的应全部剔除。并按子鳞茎的大小分成大、中、小三级,以作分级栽植之用,分级栽植有利于大田平衡生长、分级管理和夺取高产。

图 3-1　分离后的子鳞茎

（2）浸种消毒：为了预防病害，将分完级的子鳞茎要进行药剂浸种处理。一般可用 40％福尔马林 50 倍液浸种 15 分钟；或 75％治萎灵 500～600 倍液浸种 25 分钟；或 10％双效灵 500 倍液浸种 25 分钟；或百菌通 500 倍液浸种 15 分钟；或多菌灵或托布津 800～1000 倍液喷雾种用球茎；或在 1∶500 的苯菌灵或克菌丹溶液中浸泡 20～30 分钟；或用 20％生石灰水浸种 15～20 分钟；或 0.1％的高锰酸钾水溶液中浸泡 30 分钟。或用恶霉灵 1700～2000 倍液、密霉胺 660～750 倍液、5％阿维菌素 1500 倍液、辛硫磷 500 倍液、10％特螨清 500～560 倍液、福美双 500 倍液中的一种浸种 20 分钟。

（3）催芽：百合喜冷凉，感温性强，较耐低温，不耐高温，发芽适宜温度为 15～25℃，超过 27℃休眠不发芽，需经低温催芽（不定根萌发）。因此，将浸种消毒后的子鳞茎放在地窖内或阴凉室内的地面上，厚为 7～10 厘米，然后盖土或细沙（湿度以手捏成团、落地即散为度）。经过 15～20 天的处理，大部分子鳞茎发出白根时即可播种。

3. 种植密度

我国地域辽阔，土壤及气候条件多样，不同地区的日照、土质、农业气象以及设施条件差异极大。因此，对于我国不同地区的百合种植者，应根据本地气候以及自身设施、土壤、品种、种用球茎大小等条件,确定合适的种植密度。

　　一般 50 克的种用子鳞茎,其株行距可按 25 厘米×40 厘米栽植,每亩用种量 300~350 千克;30~40 克的种用子鳞茎,其株行距可按 20 厘米×25 厘米栽植,每亩用种量 300~320 千克;15~30 克的种用子鳞茎,其株行距以 20 厘米×30 厘米为宜,每亩用种量 250~300 千克;15 克以下或横径不足 3 厘米的种用子鳞茎应密植,实行宽窄行种植,宽行间距 30 厘米,窄行间距 5 厘米,每 4 个窄行为 1 个播幅,株距为 5 厘米,培育 2~3 年后,可成为种用大种用球茎。

　　正常情况下,随着种植密度增大,产量相对较高,而单株球茎重则相对变小,也就是说,产量提高则意味着百合的商品性降低。同时,种植密度增加后,生产成本也相应增加。但密度过小,产量降低,也会影响经济效益。

　　4. 栽植方法

　　百合的栽培可分为高畦栽培和平畦栽培,凡能灌溉的或雨水多、排水不良的平川土地,或南方百合产地,因雨水多,天气湿热,一般均采用高畦栽培,即起垄栽培。其垄底宽 60 厘米,垄顶宽 40 厘米,垄沟底宽 40 厘米,垄高 30 厘米。生产田中的百合植株每垄栽 2 行,行距 30 厘米,株距 20 厘米;山坡地或陡坡地为平畦栽培,种植百合时,则要顺坡开沟,按既定株行距栽植种用球茎,即行距 40 厘米,株距 20 厘米,沟深 15 厘堆;边开沟,边栽植,扶正种用球茎,边覆土,边平整,以利于排水。

　　栽植前,按行距 15 厘米开 15 厘米深左右的栽植沟,锄松沟底土,然后按株距摆正种用球茎,种用球茎一定要球茎顶部朝上(如果种用球茎斜植或平放,茎秆斜角生长出土,延长出苗过程,不但过多地消耗了球茎中储藏的养分,还影响球茎膨大及其生长发育,造成减产,而且促进了再生籽球的形成及其生长发育,对百合地下主体球茎的生长发育和养分积累,均发生不良影响)。在种用球茎周围填入细土,将种用球茎固定;最后用土将沟填满,并且稍微高出地面,以利排水。由于种用球茎肉质根的支撑,种用球茎本体位置在 8～13 厘米深的土层中,那么种用球茎顶部覆土深度就可以达到 5～10 厘米,这样对百合球茎的生长发育、肉质根、纤维根的生长发育都十分有利。如果种用球茎栽植太深,则不利于百合球茎的膨大,茎秆抽生过程延长,容易造成过多地消耗养分;栽植过浅,不利于纤维根及茎秆的生长发育,球茎容易裸露,抗旱能力减弱。栽植百合种用球茎时,确定适宜的栽植深度,是十分必要的栽培技术措施之一。

百合种植的深度根据种用球茎大小而定,一般小球的种植深度为 3～5 厘米,大球为 5～8 厘米。土壤黏重地区要种的浅一些;土质疏松、保水性能差的土壤要种得深一些。宜兴百合用子鳞茎种植以浅一些为好,子鳞茎顶端距土表 3 厘米为宜,比深栽 6 厘米的增产 28%,而且球茎顶端饱满平圆。如深栽 9 厘米,出苗延迟、苗茎细弱,缺棵率增加 1 倍以上。

五、田间管理

百合的田间管理主要包括土壤管理、肥水管理、植株生长管理等,但因百合品种不同,各地区栽培条件有异,所以在管理上也有不同的措施。为了应用方便,现按各个生长期的管理介绍。

1. 秋栽百合的管理

秋栽百合在 9～10 月栽植后,子鳞茎在土中越冬,到翌年 4 月上旬前出苗。在此期间,百合子鳞茎底盘处生出种子根,同时心芽内部缓慢萌动,生长茎叶,但不露地面。此期管理的工作是抓紧晴天中耕,晒白表土,以利保墒保温通气,促进百合根系的良好生长。同时应注意防除杂草,为早出苗、出壮苗打基础。

(1)浇水:浇 1 次透水,以后保持土壤一定湿度。

(2)中耕锄草:秋季百合定植后,要中耕除草 1～2 次,也可选

用"圃草封＋果尔"防除一年生杂草,在晴天全田均匀喷雾 1 次,消灭杂草。

南方地区百合种植地间作其他作物的,间作作物最好在 11～12 月份适时早收,收获后和没有间种作物的百合地块一样,同样用"圃草封＋果尔"喷雾消灭杂草。

(3)铺草覆盖:冬季来临前,可用稻草或玉米秸秆铺盖畦面,以增加养分、保墒、灭草,不使土壤表面板结,同时能保温。覆盖的稻草或玉米秸秆要求清洁无病害,每亩用量为 400 千克。为了防止稻草或玉米秸秆刮走,可用薄土覆压即可。

(4)避免大牲畜进入百合田践踏。

2. 春季管理

无论是秋栽还是春栽的百合,当日平均温度稳定在 10℃以上就可以齐苗。春季管理的目标是促进秧苗早发,确保旺盛生长。

(1)烧盖草:在春季出苗前 20 天左右,选晴天点火将盖草烧掉,既可杀死越冬害虫和病源物,减轻病虫害的发生,又可保温提早出苗。

(2)浇水:百合幼苗出土前,每亩用钾明矾或铵明矾 3000 克,稀释 1000 倍后浇施,雨水多的年份隔 7～10 天再施 1 次。这样,能促进百合球茎的分化和膨大,可增产 10％～40％。注意在缺钾的土壤上施钾明矾效果显著,在缺氮的土壤上则施铵明矾更佳。

开春后如遇干旱,要及时进行灌溉,防止土壤过分干旱,造成种用球茎干枯、萎缩,影响地下生长。但灌水不可过多,以湿润为度。

(3)中耕、除草:春季气温回升后,在百合未出苗前,选晴天中耕 1 次,不仅能锄除杂草、提高土温,而且还可以促苗早发。第一年中耕宜浅不宜深(4～6 厘米),将表土锄松让阳光照入,可提高地温,促进百合苗早出,但不能深锄,否则会伤害百合的芽。

中耕后 1～2 天,选择芽前除草剂(又叫土壤封闭除草剂,对百合安全)防除多种禾本科杂草及阔叶杂草,如使用"圃草封＋果尔",基本可以防除绝大多数一年生杂草。

(4)挖沟防涝:百合怕涝又怕旱,排水不良,容易生腐烂病。因此,田间要挖好排水沟,以保证夏季排水畅通,大雨后田间不积水。

(5)及时追肥:春季新芽出土前,土壤肥力差的或基肥不足的,每亩宜补施复合肥 15～20 千克,或用豆饼粉加少量骨粉(不宜用碳酸铵、含酸重的过磷酸钙及氯化钾,以免烧伤将要出土的幼芽),拌匀后于植株一侧挖沟施入,然后覆土。注意,施肥不能与球茎接触。

在清明前后,百合苗高 10 厘米时,要及时追肥,促进秧苗生长。一般亩追施腐熟的菜饼肥 25～50 千克,或腐熟的猪粪尿 2000 千克(不能施含氟、氯的化肥,更不能施未经堆沤的猪粪尿),条施或穴施,施在距百合苗 6～7 厘米处,施的太近容易引起"烂苗",施的太远,肥料又容易流失。同时苗期应视劳力情况,及时中耕 1～2 次,行间要深,株间要浅。

百合生长周期较长,需在其生长的不同时节及时追补叶面微肥。亩用富含多种微量元素的植物生长剂绿芬威 40～50 克,或磷酸二氢钾 100～150 克加尿素 200～400 克,或硫酸锌 200 克或松刚绿圣 200～250 克(任选一种),加水 50～70 千克在百合苗、花、蕾各期对百合植株均匀喷施 1 次。施后植株健壮,抗逆机能增强,地下球茎发育饱满,增产增收效果显著。

(6)增产调控:当百合苗长至 18～20 厘米高时,每亩用植物生长调节剂多效唑 20～50 克,或助壮素 10～15 克,或比久(B9)5～10 克,或缩节安 5～10 克任选一种,加水 50～70 千克对百合植株均匀喷雾。可使百合茎秆粗壮、抗逆能力增强、促进球茎形成生长。

3. 中期管理

5月上、中旬,百合植株已从茎叶生长向球茎膨大转变,这时期的主要目标是控制地上部营养生长,促进幼球茎迅速肥大。

(1)追肥:在5月上旬,要及时施1次提苗肥,促进秧苗生长。据试验,每亩施腐熟的有机肥1500千克左右,约可增产百合7%～8%。如施肥量在500千克以下,无明显增产效果,施肥量增加到2000千克,施用速效肥,有利于上盘根的生出和吸肥,能促进苗期加速生长。第二次应在地上茎"上盘根"尚未大量发生前,每亩施饼肥150～250千克,施入行间,结合中耕培土,压埋土中。追施饼肥肥效持久,三要素多而全,尤其磷、钾成分多,对增产有显著效果。

(2)中耕、除草:一般在5月下旬或6月初,结合培土,进行1次中耕,深度为6～7厘米,以促进根系多而深扎,控制地上茎增长。

生产期百合田中的杂草,主要包括一年生禾本科杂草、一年生阔叶杂草、莎草科杂草及多年生宿根杂草四类。防除禾本科杂草马唐、牛筋草等,使用大杀禾、精奎禾灵、高效盖草能、拿捕净、威霸等均可有效防除,对百合安全。

(3)打顶摘心:植物有从根部吸收的无机养料和光合作用制造的有机养料首先向顶芽输送的习性。打顶摘心可控制地上茎叶生长对养料的消耗,从而转向球茎输送,加速球茎的生长发育。

打顶摘心的时间约在5月中旬、苗高1米时为宜,即可以保证植株有一定的生长量和叶面积,又可减少养分不必要的消耗,使营养物质向珠芽和地下球茎转送,加速球茎的发育生长。据试验,打顶过早过迟,产量都会受到影响。摘心宜择晴天中午前后进行,有利于伤口的愈合,减少病菌侵入。打顶时对苗势旺的宜早打多打,对苗弱苗小的可推迟几天,或只少量摘心叶,以达到生长平衡。

打顶以后,氮肥用量过多,则茎叶疯长,影响球茎膨大,一般苗施用复合肥 30 千克。

(4)摘除花蕾：食用百合是以收获地下球茎为栽培目的，不希望生产种子，如果任其开花结实，将会消耗大量养分，影响球茎发育，而且产量降低，品质变劣，直接影响到商品性和生产效益。所以，当花茎伸长到 1～3 厘米时，将花蕾用手摘除，也可用剪刀剪，以免消耗养分。

在生产中摘除百合花蕾，一要"早"，二要连续多次摘除干净。所谓"早"，就是在显蕾期摘除，可以强化百合植株个体的摘花增产效应。连续多次摘除，是因为百合群体中的个体植株，在生长发育过程中的差异性，使不同的百合植株，其显蕾期有早有迟，连续多次进行摘花处理，可以将群体中的花蕾摘除干净，以保证百合群体的摘花增产效果达到最佳。

摘除的花蕾，可晒干、腌制后，像黄花菜一样食用。

4. 后期管理

6～8 月，百合已进入后期生长。这时的管理目标是及时收获珠芽(生长珠芽的)，避免高温高湿，防止百合早衰，保证植株稳健生长。

(1)清沟排水：在夏季雨水较多，容易造成大田积水，所以要保证沟路畅通，下雨后立即排除积水，做到雨停水干，7～8 月球茎增大进入夏季休眠，更要保持土壤干燥疏松，切忌水涝。在雨天及雨后防人员下田踩踏，以免踏实土壤，造成渍水引起球茎腐烂，拔草也应在晴天土壤干燥时进行。

百合生长期间，如久旱不雨，土壤干旱，在有灌溉条件的地方要及时灌水，做到轻浇、浇透。灌水后要及时松土，以保持土壤疏松，地块内不能有积水。高畦栽培的在水沟中渗灌。特别是在冬前春后如遇干旱，要及时进行灌溉，防止土壤过分干旱，造成种用球茎干枯、萎缩，影响地下生长。但灌水不可过多，以湿润土壤为宜。

（2）及时打珠芽、施肥：据试验，南方地区 6 月 10 日收获珠芽，百合产量最高。一般情况下，9 月中旬是收获珠芽的适期，再迟收获，不但影响百合产量，珠芽成熟后也会自动脱落。如不准备用珠芽繁殖种用球茎，珠芽可提前采摘，以减少养分的消耗，提高百合产量。抹珠芽时应细心，以防碰断植株和伤及功能叶片。

珠芽采收后，为防止叶色过早枯黄，增加叶片光合作用，须叶面喷施叶面宝和 0.3％磷酸二氢钾或 0.3％叶霸或 0.3％～0.5％的尿素，每隔 5 天喷 1 次，连续喷 4～5 次，能增产 14％左右。

（3）遮阴降温：百合生长最适宜的气温为 15～25℃，高于 28℃，生长受到抑制，气温持续高于 33℃，植株发黄甚至枯死。遮阴是防高温的重要举措，方法是在百合行间适当套种藤蔓类瓜菜，以蔓叶遮阴。如套种丝瓜、豇豆等作物，5 月份、6 月份瓜豆藤蔓上架后，对降低田间气温、地温都有良好效果，这样能延长百合绿叶期，可增产 10％左右。

（4）及时清除病害：若发现百合植株叶片发黄变紫，说明地下球茎已开始腐烂，应及时挖掉病株，集中烧毁或深埋，可减少损失。

5. 病虫害的防治

百合病虫害发生的种类较多，但对百合收成有影响的主要是百合枯萎病、灰霉病、叶枯病、病毒病、根腐病、蛴螬、地老虎、蝼蛄等，防治的原则是预防为主，综合防治（具体防治方法见本书第四章）。

6. 秋后管理

不同种类的百合生长期有所不同，如宜兴百合播种后 1 年即可收获，而兰州百合生长周期较长，从小球茎培育成种用球茎需 2 年，挖出再移栽到大田里培育 3 年才能长成商品球茎（150 克以上）。因此，1 年后不能进行商品采用的百合品种让其继续生长，重复第一年的管理即可；能进行商品采收的品种要选择时机，适时收挖。

不采收的百合田,其地下球茎可以在土壤中安全越冬。等到土壤表层封冻时,要及时清理枯萎的茎秆和杂草茎叶等,并集中烧毁。

冬季来临前,用稻草或玉米秸秆铺盖畦面。

六、采收

食用百合的地下球茎,是百合生产最主要、最有商品化意义的产品。百合的地下球茎,在经历几年的田间生长之后,大小、重量、营养物质成分及其含量都达到一定的产品标准。所以,对百合地下球茎,合理采挖,科学贮藏,分级选料,合理包装与加工等,都是搞好百合商品化生产的重要环节。

1. 收获时期的确定

食用百合的地下球茎,全年都可以进行收获(采收前10天不能灌水)。但食用风味、商品价值等,随收获时间的不同而异。

(1)青收:6月下旬至7月上旬,百合下部1/3的叶片变黄,球茎肥大接近最大值,鳞片含糖量达到最高值,为了争取较高价格,可提早采收"青棵百合",供作蔬菜用。

青收的百合球茎存在如下问题:

①糖分转化不充分,风味清淡。

②光合产物正处在形成、积累、转化的过程中,百合产品的适口性较差。

③百合植株在茎秆抽生等生长过程中,曾消耗部分营养物质,而光合产物转化和储存不足等原因,使单位面积百合产量比秋季收获的百合球茎产量要低。

④因其含水量高,含单糖量多,不宜留种与贮藏;用来加工干百合,成品率不高。

所以,在一般情况下,不要在百合生长季节收获百合球茎产品。

（2）黄收：7月下旬，百合2/3的叶片变黄，体内养分转运到下部球茎，百合球茎淀粉含量达到最大值。此时收获用于加工或药用，加工干片率及出粉率最高。

（3）枯黄收：一般在10月份、茎秆枯萎后，经过一段降温过程，到立冬前后收获，百合球茎的含糖量快速增加，这也是百合植物体准备越冬的一种生理性反应。同时，只有这个时期，百合地下球茎的香甜风味变浓，产品质量最佳。此时，收获百合地下球茎是最佳收获时期。

2. 收获方法

（1）采收方法：收获百合地下球茎时，要组织好人力，每2～3人为一组，分工负责，各尽其能，一般应顺行一穴一穴地用锄头刨挖出球茎，去除茎秆，抖净根土，剪留3厘米长的肉质根根茬。

采收百合要最好选择阴天或晴天下午，刨挖时要轻，避免人为损伤。百合挖起后要随时剪去茎秆和须根，同时除净泥土。装筐时，将留种与不留种、大球茎和小球茎（将大球茎做商品用，小球茎作种用）、健球和病球分装，装满后，筐上要放覆盖物遮光。采收时要做到轻拿、轻放、轻装，及时运入室内阴凉处，摊开摊晾，用稻草遮盖避光，以免强光直晒而造成外层鳞片干燥和变色，影响美观，降低商品价值。

（2）选留种用球茎：选留种用球茎一定要在10月份、茎秆枯萎后采收，采收时严把种子质量关，使选种工作做到田间和室内相结合，实行商品百合种和种子百合种单收单藏，分级保管。

①用来留种的百合一定要充分成熟，含水量低，无病无虫，没有损伤。

②选择母鳞茎肥大、整齐度一致、色泽洁白、抱合紧密、根系健壮、顶平而圆、苞口完好、无病无虫伤、无异味、无烂片、下根多且粗壮、分囊清楚（每个种用球茎具有3～4个子鳞茎）的球茎作种，无

根球茎不宜留作种用。

挑选后的百合及时送到百合收购点,及时加工,防止在空气中放置过长,球茎风干变色,或淀粉糖化,降低出粉率。

第二节 商品百合的设施栽培

近年来,随着种植结构的调整,百合种植不仅规模不断扩大,而且也由过去单一的露地栽培,发展到日光温室、塑料大棚等保护地单独栽培或进行轮作栽培。实践证明,提前采用设置栽培的食用百合,因延长了生长期,地下球茎可多增加 30~50 克,可明显提高种植效益。

在我国北方地区考虑百合的生长习性,百合生产通常以日光温室为主,南方地区则一般采用塑料拱形冷棚种植。

1. 设施栽培地的选择

可以利用上一年种过蔬菜的日光温室或塑料拱形冷棚,也可以重新建造,建造方法同蔬菜大棚。

适宜的土壤(或基质)是生产优质百合必需的基本条件之一。因此,栽植百合的地块要选择松软且透气、透水性较好的中性至微碱性(pH 值为 5.5~6.5)土壤,含沙过多或黏重的土壤不宜种植百合。含沙过多,土壤的保肥、保水能力差;黏质土壤通透性差,易积水,对百合根部的生长发育极为不利。

2. 品种选择

食用百合的设施栽培,不要采用生产周期需要 3~4 年的品种,宜选择生长时间较短的花、菜兼用型品种,如宜兴百合等。

3. 茬口选择

前茬以小麦、水稻、豆类、瓜类、油菜为好,不能选择种植过辣

椒、茄子、甘薯、马铃薯、甜菜、烟草、葱蒜类、贝母等的田地。

4. 栽种期

食用百合的设置栽培一般只适用于春季早熟栽培,栽培时间要比露地栽培提前 1 个月左右,即北方 2 月上、中旬,南方 12 月中旬即可。因此,要根据栽种时间提前 1.5 个月扣好棚,提高地温,以利土壤解冻。

5. 种植前的准备

(1)整地、施肥:大棚内土壤解冻后深翻 35 厘米以上,同时施入腐熟有机肥 1500 千克、菜饼 400 千克,晾晒 8~9 天后进行整理,并施入过磷酸钙 200 千克、腐熟的农家肥 1500 千克,再晾晒 7~8 天,然后耕翻、晾晒、整理,使土壤与肥料均匀混合。

种前应测定土壤 pH 值。酸性低的土壤则应用生石灰改良(生石灰改良土壤还可杀死一些土壤中的病菌及地下害虫),碱性较重的土壤用磷酸加入泥炭改良,用量视具体情况而定。对于较黏重的土壤,可加入稻壳、松叶及草炭混合以改良结构。

(2)土壤消毒:将必速灭按每平方米用 10~15 克药,均匀混入土壤深层 10~20 厘米,拌均匀,洒水保湿(土壤相对湿度 40% 左右),然后关闭棚室,3~4 天后打开棚室门,通风 7~10 天即可种植。

(3)作畦:为利于排水,设置栽培百合需高畦栽种,一般畦高 20~30 厘米,宽 120 厘米,长度依棚宽而定,畦间沟宽 30~35 厘米,深 15~20 厘米。

6. 种用球茎处理

(1)种用球茎解冻:采用室(窖)内贮藏的种用球茎要提前 3~5 天从河沙或土中挖出,放在人居住的室内进行晾晒。

从冷冻贮藏环境中取出后的种用球茎,应放到人居住的 10~15℃的室内缓慢解冻,解冻的种用球茎必须当天或第二天栽种完。

(2)种用球茎选择:同露地栽培。

(3)种用球茎处理:同露地栽培的"分离子鳞茎"和"浸种消毒"。

7. 种植方法

(1)浇水:在定植的前4~5天,畦内应灌1次水,以便定植时土壤保持湿润。

(2)种植密度:设施栽培百合的密度可根据品种特点比露地栽培密一些。如直径5厘米左右的种用球茎,亚洲百合每平方米40~50个,东方百合每平方米25~35个,麝香百合每平方米35~45个;同一品种,大球稀些,小球密些。

(3)栽植深度:一般是球茎直径的2~3倍。种用球茎植入土中以后,应轻轻将上面的土压实,然后浇1次定根水,使球茎与土壤结合紧密。

8. 定植后的管理

(1)生长前期管理

①水分:在定植后的7~10天内,是百合茎根发生时段,表层土壤缺水导致茎生根发育不良。因一定要使表层土的湿度保持在80%~85%(最简易的判断方法是用手捏住一团土,可渗出少量水即可),可采用表层覆盖物保持湿润的方法。对边角及通风较好的地方基质干燥的部位应补水,补水时间选择上午10:00以前。

②温、湿度调控:栽种初期保持12~13℃,维持20~26天,以后最佳生长温度为14~16℃;相对湿度控制在80%~85%,并力求在一天内避免大幅度变动,以防止各种霉病的发生。同时,光照强烈时,需适当采取遮光措施,遮光面积50%~70%。

③通风:午间气温较高,可于上午即开棚膜及顶开窗通风,在温度稍低的环境下调节湿度,避免高温阶段发生湿度巨变;冬季气温低,应采取保温措施,换气须在中午外界气温高时换气降温,但

控制时间约 30 分钟,间断地进行通风换气。

④施肥:百合种植后的 3～4 周不施肥,球茎发芽出土后要及时追肥,每 10 平方米的土壤加入 1000 克硝酸钙。

(2)生长中后期管理:设置栽培的食用百合生长到能适应棚外正常的气温后(没有倒春寒出现后),可及时揭开塑料薄膜,其他同露地的田间管理即可。

第三节　百合间作、轮作技术

一、百合与林果间作

百合抗性极强,耐瘠薄,植株生长旺盛,有较强抗风沙、抗灰尘、抗空气污染能力,非常适合与葡萄(图 3-2)、杨树(图 3-3)、槐树、松树、梨树、苹果树、杏树、桃树、李树、樱桃树、栗树、花椒树、柿子树、枣树等间作。

图 3-2　葡萄间作百合

图 3-3　杨树间作百合

1. 间作形式

在林果树的行间种植百合。

2. 技术要点

(1)间作地选择:百合喜阳光充足、夏季冷凉、耕层湿润阴蔽的环境,要求微酸性至中性(pH 值为 5.5～6.5)、富含有机质、耕层深厚、排水良好的土壤,因此,百合培育地宜选择地势高、土质疏松肥沃、排水良好、有灌溉条件的落叶阔叶林下,以耐水湿、春季发芽迟、展叶晚的树种为最佳。早春,阔叶树如果萌芽展叶较晚,在百合萌芽期和展叶期阳光可直射地面,土温回升较快,有利于百合植株的营养生长,使植株健壮;夏季高温来临时,又能形成良好的郁蔽度,既能遮挡强光、防止叶片灼伤,又能降低气温。

(2)整地、施肥:林果间作以春季种植为宜,种植前,一般每亩用腐熟的优质农家肥 1500～2000 千克,草木灰 500 千克,饼肥 50 千克,复合肥 20 千克,均匀撒于林间空闲地,然后,翻耕深度在

30 厘米以上,做到平、净、细、碎,消除杂草等。整地时要注意林果树 5 厘米以上的根要保留。

(3)栽种:在整好的林间地块上,采用垄作栽植,按行距 20～40 厘米,沟深 10～15 厘米,株距 15～20 厘米开沟,将种用球茎底部朝下栽种后覆土,使垄基部宽 30 厘米,顶宽约 15 厘米,高 15～20 厘米,沟底宽约 20 厘米。定植后,顺沟浇 1 次透水,以后保持土壤一定湿度。地干以后要中耕除草 1～2 次,注意中耕宜浅,过深会伤及球茎。

(4)浇水:如遇干旱,要及时进行灌溉,防止土壤过分干旱,造成种用球茎干枯、萎缩,影响地下生长。但灌水不可过多,以湿润为度。

(5)中耕除草:在百合未出苗前选晴天中耕 1 次,不仅能锄除杂草、提高土温,而且还可以促苗早发。

(6)追肥:一般追施 3 次肥料。第一次在 4 月初至 4 月中旬,每亩追施腐熟猪粪或牛粪 1500 千克,加过磷酸钙 20 千克。第二次在 4 月下旬至 5 月初开花前,每亩可施入腐熟的农家肥或猪粪水 1500 千克。第三次在 6 月中旬至 7 月初,此时应以磷钾肥为主,也可以同时施入碳酸氢铵每亩 15～20 千克,以兑水施入为好。还可用 0.2%磷酸二氢钾进行根外追施。此外,在苗期、打顶期、珠芽收获期,用 0.1%钼酸铵进行根外追肥,可增产 14%左右。

(7)排水:百合最怕多湿、水涝,因此要注意做好排水工作,特别是 7～8 月份,正是球茎生长时期,同时已开始进入休眠期,要特别注意保持土壤干燥,疏松,切忌水涝。

(8)打顶摘心:苗长到一定高度时,适时打顶摘心,以促使营养物质向珠芽和地下球茎转送,加速球茎的发育生长。

(9)摘除花蕾:当花茎伸长到 1～3 厘米时,将花蕾摘除。

(10)病虫害的防治:及时防治病虫害。

(11)收获:根据所栽的百合品种,采取 1 年、2 年、3 年秋季进行采收。一般在茎叶枯萎后,选晴天挖取,除掉泥土、茎秆、须根等,大球茎可作商品出售,小球茎留为种栽用。

二、百合与玉米间作

1. 间作形式

77 厘米为一个种植带,每带内种百合 3 行、玉米 1 行。百合行距 20 厘米,株距 10 厘米;玉米株距 50 厘米,一穴双株。

2. 技术要点

(1)间作地选择:选择地势较高、有机质含量丰富、肥沃的沙壤土种植。选择地块时不要与大葱、蒜、洋葱、韭菜等百合科蔬菜连作,种植过葱、韭、蒜的田块,必须间隔 3 年以上方可种植百合。

(2)整地、施肥:所选地块要耕翻 25 厘米左右,翻后晒垡 15 天以上。播种前结合耕地亩施腐熟农家肥 2000～2500 千克,熟饼肥 75～100 千克,复合肥 20 千克,充分拌匀,浇足底墒水,为播种百合做好准备。

(3)选用优种:百合选用 1 年收获的品种(宜兴百合等),播前选晴好天气用 40%福尔马林 50 倍液浸种 15 分钟;或用 50%多菌灵或甲基托布津(甲基硫菌灵)可湿性粉剂 500 倍液,浸种 15～30 分钟;或用 20%生石灰水浸种 15～20 分钟,捞出晾干后播种;玉米选用晋单 36、农大 108、掖单 13、中单 2 号等品种。

(4)适期播种:百合宜在 3 月上旬栽种,玉米应比大田播种推迟 20 天左右。这样就使两种作物生长旺盛期错开,减少共生期的争水争肥矛盾。

(5)除草:百合出苗前用圃草封+果尔防除大多数一年生杂草,百合出苗后用大杀禾、精奎禾灵、高效盖草能、拿捕净、威霸等防除杂草。注意除草剂应定向喷雾,不能喷到玉米植株上。

(6)追肥:一般追施 3 次肥料。第一次在 4 月初至 4 月中旬,每亩追施腐熟猪粪或牛粪 1500 千克,加过磷酸钙 20 千克。第二次在 4 月下旬至 5 月初开花前,每亩可施入腐熟的农家肥或猪粪水 1500 千克。第三次在 6 月中旬至 7 月初,此时应以磷钾肥为主,也可以同时施入碳酸氢铵每亩 15～20 千克,以兑水施入为好。

(7)排水:7～8 月份,要特别注意保持土壤干燥,疏松,切忌水涝。

(8)打顶摘心:苗长到一定高度时,适时打顶摘心。

(9)摘除花蕾:当花茎伸长到 1～3 厘米时,将花蕾摘除。

(10)病虫害的防治:及时防治病虫害。

(11)收获:1 年采收的百合品种可在当年秋季采收。2 年以上的百合品种,可在第二年在玉米的生长行上种植其他作物。

三、百合与棉花间作

棉花与百合间作是沿海和沿江旱作沙壤土地区应用较多的一种棉田间作模式,两作物相互影响小,肥料利用上相互有利,但注意百合不能连作,必须轮作换茬。

1. 间作形式

该间作模式一般畦宽 3 米左右,棉花大小行种植,大行距 140 厘米,小行距 50 厘米,一畦种 4 行棉花。棉花大行内栽 6 行百合,行距 20 厘米,株距 20～25 厘米。棉花育苗移栽,分栽于畦两侧。

棉田间套百合,要注意共生期只能在棉花苗蕾期或吐絮期,一定要避开花铃期,否则相互影响太大,很难获得高产高效。

2. 技术要点

(1)适期播栽:百合在 10 月上中旬播种,棉花在第二年的 5 月中旬播种。

(2)整地施肥:百合播种前要在大行内深翻土壤,并精细整耙,使土壤疏松平实,同时,每亩施用充分腐熟的优质有机肥 3000 千克或饼肥 100 千克。

(3)施好"四肥":一是基肥,播前在棉花大行内施足有机肥,播种时每亩再施尿素 10 千克、过磷酸钙 30 千克、硫酸钾 10 千克；二是腊肥，小寒末每亩施腐熟的农家肥 1000 千克；三是壮苗肥，3 月上旬每亩施腐熟的农家肥 1000～1500 千克；四是壮片肥，5 月上中旬每亩施复合肥 45～50 千克。

棉花生育期内施肥要作适当调整，一般前期不施肥，同时要注意控制旺长，花铃肥要重施，保证结铃期需肥，后期如果长势偏弱，要补施盖顶肥。

（4）加强管理：百合怕湿，要开好一套沟，并经常清理，雨后及时清沟降渍。棉花后期与百合苗期共生，吐絮后要将小行推株并垄，便于大行操作和百合苗生长。

四、百合与晚稻轮作

1. 茬口安排

晚稻收后抢种百合。

2. 技术要点

（1）轮作地选择：选地势较高、排水良好、土层深厚、土质肥沃、疏松的沙壤稻田。

（2）整地：晚稻收割后，迅速深耕整地，每亩施 50 千克石灰进行土壤消毒。然后分厢开沟，一般厢宽 2.5 米，厢沟宽 25 厘米、深 30 厘米。同时开好主沟和围沟，主沟和围沟宽 30 厘米，深 40～50 厘米。

（3）选种：选种用球茎根须整齐、鳞片抱合紧密、颜色洁白、无病虫、无霉烂的百合种，每亩用种量 250～300 千克。

（4）播种：10 月中旬播种。播种前百合种用球茎消毒后晾干后栽种。按照行距 30 厘米抽播种沟，沟深 13 厘米，再按穴距 20 厘米栽种。亩用腐熟的农家肥 2000～2500 千克、45％复合肥 50 千克，施于两穴之间，不能挨碰百合球茎。栽种后盖一层细土，其

厚度为种用球茎高度的 3 倍。将厢面平整好,再盖稻草防冻和保湿。

(5)加强百合田间管理

①立春前,百合未出土时,结合中耕亩追腐熟的农家肥 1000千克。

②出苗后用 1∶1∶(120～150)倍的波尔多液防治立枯病、灰霉病、褐斑病等。同时用 10%蚜虱净防治蚜虫。

③苗高 20 厘米时,亩施腐熟的饼肥 50 千克、腐熟的农家肥500 千克、45%复合肥 10～15 千克。

④注意清沟沥水。

⑤6 月上中旬用 0.5%尿素、0.3%磷酸二氢钾混合液叶面喷施 2～3 次,每 5～7 天 1 次。

⑥根据百合生长情况打顶摘心、打掉花蕾。

(6)采收百合:7 月下旬收挖,并及时加工。

五、百合与黄瓜轮作

日光温室采用百合与黄瓜轮作,可以解决日光温室土壤有害微生物增多、土传病害严重等影响。实践证明,百合与黄瓜轮作是一个行之有效轮作模式。

1. 茬口安排

6 月中下旬对百合种用球茎进行低温处理后定植,第二年 1月份采收完毕后整地为 1 月底黄瓜定植作准备。12 月下旬黄瓜播种育苗,1 月底、2 月初定植,3 月份第一茬黄瓜采收,5～6 月份采收完毕后整地为下一茬百合定植作准备。

2. 栽培方法

(1)整地、施肥、作畦:百合定植前灌水,定植后 10 天内不浇水,生长期保持土壤湿润。每亩施入腐熟的农家肥 4000 千克、饼肥 100 千克、磷酸二铵 30 千克,深翻后做成平畦,畦宽 1.0 米,埂宽 40 厘米。定植密度为行距 25～30 厘米,株距 7 厘米,深度以种用球茎大小而定,一般种用球茎顶部到地面的距离 6～8 厘米。

(2)追肥:在芽出土后一周开始,可以用 100 升水中含 375 克硫酸铵和硝酸钙与 100 升水含 250 克硫酸钾两种追肥液交替使用,直到花蕾 1～2 厘米。

后期施肥主要以磷酸二氢钾为主,氮肥不宜过多。当花芽伸长到 1～2 厘米时,若遇低温寡照天气,很容易发生消蕾现象(消蕾通常发生在 10 月底至翌年 3 月),要及时补光,方法是每平方米挂一盏 100 瓦白炽灯即可。

(3)采收百合后为黄瓜定植做准备:第二年 1 月底,百合采收完毕,立即施肥整地为黄瓜定植做准备。

①亩施腐熟的农家肥 4000 千克、饼肥 250 千克、磷酸二铵 50～70 千克。与土壤混匀后做成高畦栽培,畦宽 65 厘米、高 10 厘米,畦与畦宽 45 厘米。每畦栽两行,株距 30 厘米。

②黄瓜定植后浇 1 次水,密闭温室 5～6 天,用高气温来促进地温的升高。

③缓苗后白天温度控制在 25～27℃,夜间控制在 12～15℃,促使黄瓜根系生长,协调好营养生长与生殖生长的关系。待根瓜长到 10～12 厘米时,开始浇第一次肥水,水量要小,以免造成植株徒长,叶面积过大,田间过早郁蔽,致使中上部结瓜速度慢甚至化瓜。

④根瓜长成后,第二、第三条发育正常,适当提高温度,白天 28～30℃,夜间 16～18℃,肥水适当加大。

(4)病害防治:百合常见的病害有百合病毒病、百合细菌性软腐病;黄瓜常见病害有猝倒病、霜霉病、白粉病和细菌性角斑病,应注意防治。

第四节　无公害百合产品的控制

无公害蔬菜是指没有受有害物质污染的蔬菜,但蔬菜生长在自然环境中,一点没有污染的环境几乎是不存在的;不受微生物侵害、不进行病虫害防治、不施农药和化肥的蔬菜也几乎是不存在的。目前,公认的无公害蔬菜实际是指商品蔬菜中不含有某些规定不准含有的有毒物质或把其控制在允许的范围内,即农药残留量不超标;硝酸盐含量不超标;工业废水、废气、废渣等有害物质不超标;病原微生物等有害微生物不超标;避免环境的危害等。

一、百合污染的原因

1. 农药污染

百合产品中,农药污染最严重,也最为普遍。原因是菜农为了取得显著的防治效果,往往利用高毒农药,加大用药量等措施来进行防治病虫害,导致百合产品中农药的残毒量严重超标,造成了污染。

2. 化肥污染

化肥污染是种植者施肥过量引起的。当氮素化肥施用过量后,百合产品中硝酸盐含量往往超标,人食用后,在体内还原成亚硝酸盐造成中毒。一般磷肥中含有镉,施磷肥过量,镉也会污染蔬菜,造成人体中毒。

3. 环境污染

环境污染主要包括工业排出的废水、废气、废渣(三废)污染蔬菜和病原微生物造成的污染两大类。工业生产排出的废气,如二氧化硫、氟化氢、氯气等可直接危害百合的生长发育。工业排出的废水中,含有多种有毒物质和重金属元素。这些废水混入灌溉水中,不仅污染了水源,也污染了土壤,导致百合残毒含量大。工业生产排出的废渣包括有塑料薄膜、碎玻璃、含有有毒物质、重金属元素的污染、废料等，这些废渣混入肥料中，施入土壤，也造成对百合生长发育直接或间接的危害，并对人体健康起一定的不良影响。

病原微生物的污染，除施用未发酵或未进行无公害化处理的有机肥、垃圾粪便中存在的有害病原体、植物残体带有病原菌造成污染外，还有未处理的工业、医药、生活污水等携带的大量病菌、寄生虫等，这些生物与百合接触也会造成污染。

4. 微量元素污染

在土壤中，微量元素含量分布很不均衡。我国很多地区缺乏不同的微量元素，施用微量元素肥料具有一定的增产作用。因此，很多地方不进行土壤化验，而盲目全面地普施微肥或施用过量，导致土壤中微量元素过量而产生毒害。

二、无公害百合产品的防治原则

1. 选择无污染的生态环境

进行无公害百合栽培必须避免工业"三废"的污染。生产地的环境是无公害蔬菜生产的基础。蔬菜地的土壤、水质等要素都应达到国家规定的标准。

土壤控制的标准是：镉≤0.31毫克/千克；汞≤0.50毫克/千克；铬≤200毫克/千克；砷≤30毫克/千克；铅＜300毫克/千克。水质控制标准是：pH值为5.5～8.5；总汞＜0.01毫克/升；总镉＜0.005毫克/升；总铅＜0.1毫克/升；总砷＜0.05毫克/升；铬（六价）＜0.1毫克/升；氟化物＜3毫克/升；氯化物＜250毫克/升；氰化物＜0.5毫克/升。大气不被工业废气污染。

为了达到上述要求，百合生产地必须远离污染环境的工矿业，至少其水源的上游，空气的上风头没有污染环境的工矿业单位。无公害百合生产地应远离公路500米以上，避免或减轻汽车废气的污染。

在施用肥料时,尽量不用工业废渣。用生活垃圾作肥料时,应进行无害化处理。连年施用剧毒农药、农药残毒量大的棉田,不宜作无公害百合栽培。个别地区的生产地里含有天然有害物质,如含有重金属元素超标等,也不宜选作百合生产基地。

生产田里如果有轻微的工业"三废"污染,或农药污染等,应加以改良。可通过连续施用微生物发酵肥料或充分腐熟的有机肥,改善土壤 pH 值,使一些重金属元素与土壤螯合,减轻危害后,方可进行无公害百合栽培。

进行选择无公害百合生产基地首先是了解过去的环境情况,掌握目前周围的环境状态,最后通过化验分析,才能确定。

2. 防止生产性污染

生产性蔬菜污染主要是指农药和施肥不当引起的百合污染。要防止这类污染,必须严格按照各级有关部门制定的生产操作规程进行生产。

(1)无污染、无公害防治病虫害:目前,百合病虫害的防治措施仍以化学药剂防治为主。绝大多数药剂对人、畜是有害的。因此,对百合进行低污染、微公害防治,一是摸清各种百合病虫害发生规律,力求在最佳时间施药,在最佳时间防治;二是对百合的重点病虫害的防治要根据其栽培特点,适时、科学地防治其病虫害;三是从播种到收获的全过程中,就品种、播期、田间管理、采收、病虫害防治等采收综合的技术措施。

①农业防治:农业防治是利用农业栽培技术来防治病虫害的发生与危害的方法。一是积极引进、培育和推广优良品种;二是调节播种期,减少施药次数,减轻百合污染;三是播前行种子处理,可消灭种子携带的病菌,进发芽或提高种子的抗逆性,使幼苗生长健壮,增强抗病力;三是合理地间作、套种、轮作,利用作物间抗病虫力的不同,和病虫害种类不同,合理间作、套种、轮作,可以减轻病虫害的发生。有的土传病害,如百合菌核病,通过轮作可以杜绝其

发生;四是深耕、冬耕;五是合理密植能,以改善通风透光条件,防止某些病虫害的发生。保护地加强通风可降低空气湿度,防治多种真菌和细菌病害的发生蔓延;六是清洁田园,加强水肥管理,可减少田间病虫害生物密度,提高植株抗性。

②科学用药:一是根据农药的防治范围和对象对症下药,防止污染;二是适时用药;三是浓度适宜,次数适当;四是正确的施药方法;五是合理混用,提高药效;六是交替施用,提高防效;七是安全用药。

③生物防治:生物防治是利用有益的生物消灭有害的生物的病虫害防治措施。生物防治包括以虫治虫、以菌治虫,以病毒治虫、以菌治菌、以病毒治病毒等。目前,生物农药很多,如 B. t 乳剂、浏阳素乳油、农抗 120 等。这些农药有一定的杀虫、杀菌力,且基本不污染环境。

④物理防治:利用光、温、器具等进行防治病虫害的措施称为物理防治。如在温室、大棚中利用 23～28℃ 的高温防止灰霉病;利用银灰色薄膜避蚜;利用黑光灯诱杀害虫。物理防治法防治蔬菜病虫有一定效果,且不污染环境。

(2)改进施肥技术:一是要施用腐熟的有机肥料,不要施用有毒的工业废渣、生活垃圾等;二是根据土壤中拥有的营养成分基础,了解百合生长发育所需的营养元素量,再合理适当地补充有机肥和化肥。近年来提倡施用长效碳铵、控制缓释肥料、根瘤菌肥、惠满丰、促丰宝、AM 生物菌肥等高科技化肥。

3. 加强贮运管理,减少流通中的污染

百合收获后,要经过运输、贮藏、装卸等多道环节,这些环节中,任何的不良环境都会污染百合。因此,在贮运过程中也要严格选择低毒、低残留的农药;按照规定的浓度和用量;避免环境,包装用具等污染百合。

第五节 百合生理性病害及其防治

生理病又名非生物性病害,是指植物本身由于病原以外的因子造成正常生理代谢功能失调。而造成生理障碍的原因,可能是由于内在因子诸如矿物元素缺乏、组织老化,或由于环境因子如温度、光度、异常气体组成等。

一、叶烧病

在百合栽培中,"叶烧"是最经常发生的问题,常常因此而导致百合花质量明显下降。

1. 发生原因

当植株吸水和蒸发之间的平衡被破坏时即会出现叶片焦枯。这是吸水或蒸腾不足时引起幼叶细胞缺钙的结果。细胞被损害而死亡。同时较差的根系、土壤中高的盐含量以及相对于根系来讲生长过快一样,温室中相对湿度的急剧变化会影响到这一过程。敏感品种、大的种球更加容易发生。

2. 症状

首先幼叶稍向内卷曲,数天之后,焦枯的叶片出现黄色到白色的斑点。若叶片焦枯较轻,植株还可继续生长,若叶片焦枯很严重,白色斑点可变成褐色,伤害发生处,叶片弯曲,在很严重的情况下,所有的叶片都会脱落,植株不能进一步发育,称之为"最严重的焦枯"。

3. 防治方法

(1)种植前应让土壤湿润。

(2)最好不要用敏感的品种,或采用小球。

(3)种植深度要适宜,在球茎上方应有 6～10 厘米的土层。

(4)在敏感性增强的时间里,避免温室中的温度和相对湿度有大的差异,尽量保持相对湿度水平在 75% 左右。

(5)防止过速的生长。

二、黄叶和落叶

下部叶片缺绿并死亡是百合栽培中最常见的现象之一。

1. 发生原因

发生黄叶和落叶的原因很多,如根部受损、栽植密度过大而引起的植株间通风透光差、养分缺乏、水分胁迫、施肥过量、温室温度过低等等。

2. 症状

部分叶枯黄或脱落。

3. 防治方法

如果因土壤透气性差而造成黄叶、落叶,种植以前一定要充分改良土壤。如果盐分较高,则应用清水淋洗土地,以去盐分。

三、缺素症

在百合的栽培过程中,可能会碰到一种或多种缺素的症状,其中有些可通过叶片颜色的变化进行判断。若及时地补充相应的元素,这些症状可被预防或缓解。

1. 缺氮

(1)症状:植株生长迟缓;叶片为均匀的浅绿色到黄色。

(2)防治方法:可使用速效氮肥较快调整过来,如硝酸钙、尿素或硝酸钾。这些肥料可与灌溉水混合使用或进行喷施,然后进行淋洗。

2. 缺钙

(1)症状:植株生长迟缓,叶片颜色变浅;叶尖向下弯曲,有时

尖端变为褐色;叶片有时浅绿并带有白色斑点;根部发育不良。

(2)防治方法:可在种植前在土壤中加入石灰来进行预防;还有一些其他的肥料也有助于减缓缺钙症状的发生,它们是碳酸镁、氧化镁、氢氧化镁。

3. 缺磷

(1)症状:植株生长迟缓;叶片颜色浅绿色,无光泽;老叶的尖端变为红褐色。

(2)防治方法:栽培时缺磷较难补救。在栽培前土壤中磷的含量应该适宜,可使用磷酸氢钙来进行补充。该肥料中不含有氟,可在准备土壤前撒在土壤上。

4. 缺钾

(1)症状:植株生长迟缓,而且有些矮;生长速度不如正常植株;幼叶暗黄绿色,叶尖褐色;整个叶片上分布一些小的白色坏死斑点;严重的叶尖枯萎。

(2)防治方法:可使用硝酸钾等肥料来进行纠正,该肥料可混合在灌溉液中提供。

5. 缺镁

(1)症状:缺镁的表现较快,最老的叶片表现的最明显。主要表现为植株生长迟缓;叶片浅绿色并向下弯;有时沿叶片纵向有褐-白色斑点。

(2)防治方法:可使用硫酸镁来进行补救,将其溶解在灌溉水中提供给植株,或直接喷洒在植株间的地面上。

6. 缺铁

(1)症状:幼叶叶脉间的叶肉组织呈黄绿色,尤其是生长迅速的植株。植物缺铁量越大,叶片变得越黄。

（2）防治方法

①确保土壤排水良好,pH 值要低。良好的根系会大大地减少发生缺铁症的可能性。根据作物对缺铁的敏感性,种植前在 pH 值高于 6.5 的土壤中增施螯合态铁,并根据作物的叶色,在种植后第二次施用。如果植株的颜色仍然不满意,应在大约 2 周后再施 1 次。

②确保土壤排水良好,pH 值要低。

③良好的根系会大大减少缺铁症的发生。

④根据作物对缺铁的敏感性,种植前在 pH 值高于 6.5 的土壤中增施螯合态铁,并根据作物的颜色,在种植后第二次施用。如果植株的颜色仍然不满意,可在大约 2 周后再施 1 次。施用螯合铁的量取决于土壤的 pH 值和施用时间,过量施用会引起叶片产生黑斑。在种植前施用剂量为每平方米 2~3 克(完全施入土壤),在种植后最大剂量为每平方米 2 克。螯合铁可通过灌溉系统施用,也可把它与干沙混合后撒施。

四、肥害、盐害

1. 发病原因

一般而言,百合对盐分或肥料相当敏感。

2. 症状

幼嫩的上层根刚长出时,若周围土壤含有高量之盐分或肥料,很容易造成根尖受伤,进而影响植株对水分和矿物元素的吸收效率,不但容易造成病原菌的侵入感染,造成根系之腐败,以致地上部出现失水和黄化萎凋之病征。

另外,叶面施肥时肥料用量不当亦可造成叶部或茎部受伤,一般较常发生者为喷施含铁化合物所造成之酸害,被害部位呈现局部黑褐化,严重时造成茎部生长不良或畸形。

3. 防治方法

为慎选肥料、营养液之种类,并谨慎考虑用量及施用时期。

五、药害

1. 发病原因

由于一般栽植百合常使用一些化学药剂如杀菌剂、杀虫剂、杀草剂或生长调节剂来维护植株的健康,一旦使用不当非但无法达到预期之效果,反而造成植株之伤害。

2. 症状

药害所呈现之病征大致为植物体局部受害,如叶缘或花苞焦枯、叶片黄化、叶片变色、茎部及花苞畸形或褐变等。

判别是否为使用化学药剂不当所衍生出来之药害问题,其主要原则为植株之受害部位一致为一次伤害,经过一段时间后植株可正常生长及伤害症状在喷施药剂之后明显发生。

3. 防治方法

正确使用农药,不任意混合施用,不任意提高浓度,慎选喷药之时机及认清使用对象。

六、生理性萎蔫病

1. 发病原因

春季雨量大、夏季干旱少雨的年份或地区,在夏季高温期易发病。经试验,水分在发病中起决定作用,即生理性干旱所致。因春季多雨,植株生长迅速,组织幼嫩,遇到夏季高温干旱时,蒸腾量迅速猛增,百合植株抗旱力差,致叶片失水而干枯。此病在年降雨量300毫米左右,蒸腾量高达2000毫米以上地区发生严重。

2. 症状

病株先从叶缘开始干枯,向内逐渐扩展,最后整株叶片干枯死亡。干枯叶片上见不到任何病症,茎秆仍为绿色,柔软且不倒伏。

3. 防治方法

(1)选好地,施足充分腐熟的有机肥。

(2)加强田间管理:百合生长期的水分供应是防治该病关键。百合球茎肥大期较耐旱,但仍需供给充足的水分,适当保持土壤湿润,雨后及时排除积水,防止生理干旱发生;现蕾期及时摘除花蕾,增强抗病力。

第四章 百合的病虫害防治

百合在生长过程中,如遇环境条件不适宜或栽培管理措施不当,就会严重影响百合生长,甚至会发生严重的病虫害。

第一节　百合病虫害的综合防治措施

百合的病虫害防治应坚持预防为主,综合防治的植保方针。对百合生产威胁最大的是百合枯萎病和灰霉病,尤其是百合枯萎病,一定要从轮作、选种、消毒等环节入手做好预防工作,以农业防治为主。

当百合枯萎病刚刚开始表现症状时,立即用对路药剂开展防治,防效效果也只有 70%～80%,加之其发生为害时正是 4～5 月多雨水季节,又不利开展药剂防治,所以做好预防工作在无公害栽培技术中显得极为重要。同时,还应该选择高效、低毒、低残留农药,切实按照农药安全间隔期使用。

一、百合病虫害发生的原因

尽管百合病害种类繁多,病源来源广泛,但病害的发生和流行,必须具有易感病的植株、一定数量的病原、发病的适宜温度和湿度三个条件。

1. 病原

病原主要包括真菌、细菌和病毒,这些病菌在条件适宜时,经过一定途径传播到植株上,导致植株发病。病原传播的方式主要

有以下几个方面:

(1)重茬:百合对"重茬"的敏感性远远高于其他作物。

(2)湿害:百合喜温暖、干燥的气候,适宜生长在沙质土壤上,若种植在黏性土壤上,易产生渍害,渍害不仅影响百合正常生长,降低抗病力,而且还为病菌的侵入、发育提供了条件,成为百合病害流行的主要因素。多年的调查发现,凡雨水多的年份,病害就会大流行,凡积水的田块病害就重。

(3)种用球茎带菌:种植的百合种源,一般都是从当年百合球茎挑选分离出来的,由于田间病害没有得到有效控制,收获的球茎大都带有病菌,这为百合病害的扩散和下年发病提供了病原基础。

(4)病株残体、未腐熟的有机肥带菌、杂草:百合收获后,残根、残叶未清理干净,未深埋或烧毁,一旦条件适宜所携带的病原就可侵染致病。利用不腐熟的有机肥,病菌也会浸染植株。田间很多杂草是多种病毒寄生和越冬的场所,如不及时铲除、烧毁或深埋,也会传播病毒病等病害。

(5)灌溉水带菌:直接利用河水、塘水、湖水等灌溉时水中的多种病原菌,也会导致病害的发生。

(6)设施带菌:很多病菌可以附着在锄、镐等农具上,在带病的土壤中操作后,也可传播病菌,这些病菌也会成为病害的传染源。

(7)昆虫传菌:蚜虫吸食有病毒病的植株后,成为带毒源,再吸食健康植株,导致其发病。

2. 适宜的发病条件

(1)温度:不同的病害发生、流行、侵染均需要一定的环境条件。除少数病害发病需在高温、干旱的条件下外,大多数病害适于在一定温度、高湿的条件下发生。多种病害发生的适宜温度为15~20℃,这也是百合生长发育所需的温度。因此,只要百合生长发育,病菌也就一定跟着发生、发展。

(2)密度:大密度使植株下部光照不足,田间郁蔽空气流通差,

影响正常生长,利于病菌侵染。

3. 植株抗病性差

尽管有适宜的发病环境条件,有足够数量的病原,还必须有抗病力弱、易发病的植株方可发病、传播。这就是在相同条件下,不同的植株发病情况不一样的主要原因。

4. 病害的传播途径

田间有了发病植株,有了足够数量的病原,具备了发病适宜环境条件,还必须通过一定的途径才能侵入到其他植株上,造成病害的传播。茎点枯病、叶枯病、疫病等主要依靠风、水滴和田间操作来传播;青枯病等主要依靠灌溉水、土壤耕作、地下害虫等传播;病毒病依靠蚜虫和农事操作接触传播。传播途径的有与否,是病害发生的重要条件之一。

5. 肥害

施肥不当或过量都会造成植株下部叶片过早发黄干枯,降低百合的抗病力。如果用碳铵作基肥,或用猪粪、牛粪等未腐熟的有机肥作底肥,而且施肥量大,影响了百合的正常生长,也给病菌的侵入创造了条件。

6. 防治不力

病害的发生、流行,是一个由少到多,由轻微到严重的过程。如果在发病初期未能及早采取措施,或是措施不力,均会造成病害的发生、传播。

二、百合病、虫害综合防治技术

引起百合病虫害发生的因素相当复杂,因此,在百合病虫害的防治上,主张以农业防治为主,化学药剂防治为辅的综合防治技术措施。

1. 农业防治

(1)精选无病种用球茎:选种时注意将有斑点、霉点和虫伤以及鳞片污黑、底盘干腐无根系的球茎剔除,应选球茎新鲜,色泽洁白和底盘完好以及根系良好的球茎作种。

(2)妥善贮种:将种用球茎挖起后,在室内自然阴凉2～3天,再放在沙中(沙的湿度以手捏能成团,自然高度落地会散开为宜),最底层可放生石灰垫底,放在凉爽的室内、冷库内,遇持续高温天气,要避免太干燥,可在沙层表面适当喷洒清水保湿。也可以选择菜窖存放,放一层百合盖一层黄泥土或细沙,可堆2～3层,第一层根朝下,第二层根朝上,第三层根又朝下,盖土或沙的厚度以不露百合为好。忌放在会回潮的水泥地面上,同时防止老鼠及家畜(禽)等为害。

(3)科学选地:选择3年以上未种过辣椒、茄子、甘薯、马铃薯、甜菜、烟草、葱蒜类、贝母等作物、且排水良好、不易旱涝的地块栽种,可减少病害的发生。排水困难,易积水的低洼地不宜栽种。在沙质土壤中栽种的百合,球茎生长迅速,且色泽洁白,品质优良,但球茎不紧密,收获后易于萎凋,不宜作种用球茎;黏性土壤中栽种的百合,球茎紧密,品质也好,但生长缓慢,产量不理想;腐殖质太多的土壤栽种的百合,球茎生长肥大快,但鳞片多生污斑点,且风味欠佳。总之,要根据百合喜阴湿,既怕干旱,又怕积水等特性,宜选择地势较高、排水与抗旱比较方便、背北朝南、土质疏松肥沃的黑沙壤土栽种较为理想。

(4)轮作:由于侵染百合的一些病菌能在土壤里存活2～3年,所以严重发病的地块,停栽百合3～4年,一般发病地块停栽2～3年。最好采用水旱轮作,不与同科作物轮作。

(5)重施有机基肥:百合的生育期较长,需肥量较多,后期追施肥又容易诱发病虫害。所以,重施(施足)基肥是夺取百合高产的重要措施。基肥以腐熟的有机肥料为主,主要是充分腐熟的猪、牛粪、草木灰、饼肥等,有条件的地方加施饼肥,均匀深翻入土。也可施老坑土或河(塘)泥(晒干整细),对于土质较差的,可加施磷肥。

（6）合理深耕整地：百合是地下球茎作物，故百合地的翻耕深度要求在 25 厘米以上，翻耕时间一般在前茬作物收获后，选择晴天翻耕晒地。下种前结合施基肥、土壤处理进行整平、整细，消除杂草。

（7）起好三沟，变宽厢为窄厢：整地时一定要起好三沟，改老习惯浅沟宽厢为深沟窄厢，以利排水。三沟标准是厢沟宽 30 厘米，深 25 厘米，腰沟宽 40 厘米，深 30 厘米，围沟宽 50 厘米，深 45 厘米，并且要沟沟有坡度，做到雨停沟干。厢面要平整，改原来 4 米宽为 2～2.5 米，田块过长每隔 15～20 米应开一条腰沟。

（8）清除病残体：百合病害的一些病菌可在病残体上存活 15 个月以上，因此，在整地时要把百合病残体清除出去，集中烧毁，以减少百合病害初侵染病原菌。

2. 土壤处理

土传真菌是引起百合病害的主要杂菌，因此，在进行整地时要对土壤进行消毒。

3. 化学防治

在害虫发生较严重时，必须进行化学药剂防治。化学药剂的施用要遵守保护天敌、喷药与收获有足够的间隔时间、低毒、低残留等原则。

（1）种用球茎处理：种前精选种用球茎，把带病的鳞片剥去，然后将种用球茎放入 40％福尔马林 50 倍液浸种 15 分钟；或 75％治萎灵 500～700 倍液浸种 25 分钟；或 70％抗菌剂"402"1000 倍液浸种 15 分钟；或用 50％多菌灵或甲基托布津（甲基硫菌灵）可湿性粉剂 500 倍液，浸种 15～30 分钟；或用 20％生石灰水浸种 15～20 分钟；或用恶霉灵 1700～2000 倍液、密霉胺 660～750 倍液、5％阿维菌素 1500 倍液、辛硫磷 500 倍液、10％特螨清 500～560 倍液、福美双 500 倍液中的一种浸种 20 分钟。浸泡后，用清水冲洗一遍，再播种。

（2）生长期药剂防治

①对症下药,防止污染:各种农药都有自己的防治范围和对象,只有对症下药,才会事半功倍,否则,用治虫的药治病,治病的药防虫,只会是劳而无功,徒费农药,事倍无功,得不偿失。在百合病虫害防治中,应严格遵照农业部的有关规定,严禁使用六六六、滴滴涕、毒杀芬、二溴氯丙烷、杀虫脒、二溴乙烷、除草醚、艾氏剂、狄氏剂、汞制剂、砷、铅类、敌枯双、氟乙酰胺、甘氟、毒鼠强、氟乙酸钠、毒鼠硅、甲胺磷、甲基对硫磷、对硫磷、久效磷、磷胺、甲拌磷、甲基异柳磷、特丁硫磷、甲基硫环磷、治螟磷、内吸磷、克百威、涕灭威、灭线磷、硫环磷、蝇毒磷、地虫硫磷、氯唑磷、苯线磷等禁用剧毒、高残留农药。

②时机适宜,及时用药:百合病害暴发流行速度快,因此,药剂防治一定要在病害未发生之前或发病初期进行。

③浓度适宜,次数适当:喷施农药次数不是越多越好,量不是越大越好。否则,不但浪费了农药,提高了成本,而且还可能加速病、虫生物抗药性的形成,加剧污染、公害的发生。在病虫害防治中,应严格按照规定,控制用量和次数来进行。

④适宜的农药剂型,正确的施药方法:尽量采用药剂处理种子和土壤,防止种子带菌和土传病虫害。采用油剂进行超低容量喷雾时,喷药应周到、细致。高温干燥天气应适当降低农药浓度。

⑤交替施用,提高防效:用两种以上防治对象相同或基本相同的农药交替使用可以提高防治效果,延缓对某一种农药的抗性。

⑥保护天敌:在施用农药时,注意采用适当剂型,保护天敌。

⑦安全用药:绝大多数农药对人畜有毒,施用中应严格按照规定,防止人、畜及天敌中毒。

第二节　病虫害的防治

百合病虫害发生的种类较多,但对百合收成有影响的主要是百合枯萎病、灰霉病、叶枯病、病毒病、根腐病、蚜虫、地老虎、蝼蛄等,其中为害损失最严重的是百合枯萎病和百合灰霉病。

一、病害防治

1. 枯萎病

百合枯萎病是百合生产上的重要病害之一。

(1)危害症状:染病株初期表现生长缓慢,下部叶片发黄,失去光泽,且症状逐渐扩展,最后全株叶片萎蔫下垂,变褐后枯死。此外,其病菌还可侵染球茎外皮基部,基盘上出现褐色坏死或腐烂,造成鳞片散落。从病球茎长出的植株叶片发黄或变紫,花茎少且小,球茎没有全部烂掉时就裂开,引起球茎腐烂后枯死。

(2)发病规律:该病是由真菌引起的病害。病菌在球茎内或随病残体在土壤中越冬,成为第二年初侵染源;带病球茎和污染的土壤是该病的主要侵染源。开花后遇有气温高、降雨多易发病,连作、受地下害虫、根结线虫危害造成的伤口多发病重。

(3)防治方法

①实行轮作倒茬。

②施用腐熟的有机肥,抑制土壤中有害微生物的生长。

③选用无病、无伤的球茎做繁殖材料。

④及时拔除病株。

⑤用 43％福尔马林 120 倍液浸种用球茎 3.5 小时,防效明显。

⑥发病时喷药,药剂可选用 36％甲基硫菌灵悬浮剂 500 倍液,或 58％甲霜灵·锰锌可湿性粉剂 500 倍液,或 75％百菌清可

84

湿性粉剂 600 倍液,或 50％苯菌灵可湿性粉剂 1500 倍液,或 60％防霉宝 2 号水溶性粉剂 800～1000 倍液。

2. 灰霉病

灰霉病是百合植株上发生最普遍的病害之一,发病严重时造成茎叶枯死,花蕾腐烂,影响球茎产量。

(1)危害症状:主要危害叶片,亦侵染茎、花蕾和花瓣。

①叶:初期在叶片上可见直径 1 毫米浅褐色的针状圆点,在高湿条件下圆点很快发展成较大的圆形或椭圆形界线分明的病斑,叶背面可见水渍状病斑扩展区,后期受感染的组织逐步死亡、凋谢而成纸状、边缘紫红色。受感染叶片生长受阻、变成畸形。

②茎:当茎被感染时,感染区域的叶片死亡、茎上形成坏死区域。

③花:初期出现褐色小斑点,随后扩展引起花蕾腐烂;病菌感染花瓣时,首先会产生点状水渍褪色斑,然后,病斑会在短时间内扩大转为浅灰褐色,感染轻微时仅引起花器畸形,严重时会引起整朵花凋萎。环境湿度较大的情况下,所有的病部都会产生大量灰褐色霉状物,均为病菌的分生孢子。

(2)发病规律:百合灰霉病菌主要以菌核渡过不良环境,春季,由菌核产生分生孢子,借风雨、气流在田间迅速传播为害。5 月上旬始发,5 月下旬至 6 月下旬盛发。该期温度高,若碰上长期阴雨,则病害加速流行;久雨转晴及雷阵雨可促使病害流行;施用未腐熟的有机肥,氮肥过多、过迟;低洼积水,均有利于发病。

(3)防治方法

①冬季或收获后,及时清除病残株并烧毁,及时摘除病叶,以减少菌源。

②实行 3 年以上的轮作,如水旱轮作也要至少 2 年,以免病菌通过土壤传播。

③选用健康无病球茎进行繁殖,田间要通风透光,避免栽植过

密,促植株健壮,增加抗病力。

④由于种用球茎可能带菌,所以百合种用球茎栽培前要使用药剂消毒。

⑤发病初期每7～10天交替叶面喷施75%百菌清500倍液,或1∶1∶100的波尔多液,或86.2%铜大师,或53.8%可杀得1000倍液,或50%多菌灵500倍液,或70%甲基托布津500倍液,或50%速克灵1000倍液喷洒,或70%甲基硫菌可湿性粉剂500倍液,或50%农利灵1000～1300倍液,或50%扑海因及50%农利灵可湿性粉剂1000～1500倍液加80%多菌灵性粉剂600倍液,隔7～10天喷1次,连续喷药2～3次,药剂要交替使用,喷雾要均匀透彻,重点喷洒新生叶片及周围土壤表面,连续喷2次。

3. 病毒病

病毒病是世界性病害,是对百合危害性大、发病率高的一种病害。

(1)危害症状:百合病毒病主要有百合花叶病、坏死斑病、环斑病和丛簇病四种。

①百合花叶病:叶面现浅绿、深绿相间斑驳,严重的叶片分叉扭曲,花变形或蕾不开放。

②百合坏死斑病:有的呈潜伏侵染,有的产生褪绿斑驳,有的出现坏死斑,有些品种花扭曲或畸变呈舌状。

③百合环斑病:叶上产生坏死斑,植株无主干,无花或发育不良。

④百合丛簇病:染病植株呈丛簇状,叶片呈浅绿色或浅黄色,产生条斑或斑驳。幼叶染病,向下反卷、扭曲、全株矮化。

(2)发病条件:此病原菌为花叶病毒及潜隐病毒。病毒主要在球茎内越冬,成为第二年初侵染源;田间再侵染主要是由蚜虫传播引起。在带病球茎多、天气干燥、蚜虫发生数量多时,此病发生严重。

（3）防治方法

①选用健株的球茎繁殖，有条件的应设立无病留种地。发现病株及时拔除并烧毁，有病株的球茎只能作商品，绝不能再作种留用。

②百合生长期及时喷洒 10％吡虫啉可湿性粉剂 1500 倍液；或 50％抗蚜威超微可湿性粉剂 2000 倍液，控制传毒蚜虫，是防止病毒蔓延的有效途径。

③在百合生长过程中，一般应每月根部淋洒或叶面喷洒一次 600 倍植物病毒疫苗水溶液，或 600 倍病毒净水溶液，或 600 倍病毒必克水溶液，每次每株淋 2～3 千克，或喷湿叶片滴水为宜，以削弱植株体内的病毒活性，就能有效地防止植株发病。

④发病初期开始喷洒 20％毒克星可湿性粉剂 500～600 倍液；或 0.5％抗毒剂 1 号水剂 300～350 倍液；或 5％菌毒清可湿性粉剂 500 倍液；或 20％病毒宁水溶性粉剂 500 倍液，隔 7～10 天 1 次，连防 3 次。

4. 立枯病

立枯病又叫死苗病，主要危害百合球茎和根系，使球茎腐烂，根系烂死，最后植株枯死。

（1）危害症状：嫩芽感染后根茎部变褐色、枯死。成年植株受害后，从下部叶开始变黄，然后整株枯黄以至死亡。球茎受害后，逐渐变褐色，鳞片上形成不规则的褐色斑块。

（2）发病规律：立枯病是真菌病害。病菌主要以菌丝体或菌核在土壤中或病株残体中越冬。病菌的腐生性很强，一般可存活 2～3 年，遇适宜条件即可侵染蔓延，以菌丝从伤口或直接侵染幼茎。生长发育适宜温度为 24℃，湿度大，通气不良，光照不足是立枯病发生的主要条件。

（3）防治方法

①该病为土壤传播，应实行轮作。选择排水良好、土壤疏松的

地块种植。

②在种植前要注意选择无病的球茎,并进行消毒,或用茎用新高脂膜液浸泡。

③加强田间管理,增施磷钾肥,使幼苗健壮,增强抗病力。

④出苗前喷 1:2:200 波尔多液 1 次,出苗后喷 50%多菌灵 1000 倍液 2～3 次,保护幼苗。

⑤大田发病后,用 600 倍敌克松水溶液,或 1000 倍硫酸铜水溶液进行灌根,每 7～10 天灌 1 次,连续灌 2～3 次,每次每株灌药液 2～3 千克左右为宜。

5. 软腐病

该病是百合球茎将收获或贮藏运输期间的细菌性病害。

(1)危害症状:球茎变软并有恶臭。鳞片上先发生水渍状斑块,然后发黑,上面还能长出厚厚的一层霉。因百合属于无皮球茎,病菌很容易从鳞片的伤口中侵入,并进一步侵入内部鳞片和球茎盘。在温暖的条件下,一个受害球茎两天内就会全部烂掉。

(2)发病规律:软腐病是一种细菌性病害,病菌腐生和产孢能力极强,病菌由伤口侵入球茎后,分泌酶破坏中胶质,使细胞离析,从而使细织腐烂。病菌产生孢子囊通过气流传播,病部或非病部接触到均可引起蔓延,引起球茎腐烂。

(3)防治方法

①选择排水良好的地块种植百合。

②在种植前,要选择无损伤的球茎,并进行消毒。

③生长季节避免造成伤口,挖掘球茎时要小心从事,不要碰伤,减少侵染。

④大田发病后,用 5000 倍农用链霉素水溶液,或 5000 倍硫酸链霉素水溶液,或 5000 倍新植霉素水溶液灌根和喷洒叶面,每 7～10 天 1 次,连续 2～3 次,每次每株灌 2～3 千克,或喷湿叶面滴水为宜。

⑤球茎入窖或冷藏前用50％多菌灵处理,然后晾干,可防治贮藏期软腐病的发生。

6. 炭疽病

炭疽病为百合的常见病,分布广泛,发生较普遍,以夏秋露地种植发病较重,通常病株20％左右,重病地块发病率达70％以上,明显影响百合生产。

(1)危害症状:此病主要侵害叶片,重时亦侵害茎秆。叶片染病,初期出现水浸状暗绿色小点,以后发展成近圆形至椭圆形灰白至黄褐色坏死斑,边缘多具有浅黄色晕环,后期在病斑上产生黑色小点,即病菌分生孢子盘。叶尖染病,多向内坏死形成近梭形坏死斑。严重时病斑相互连接致病叶黄化坏死。茎部染病,形成近椭圆形至不规则形灰褐至黄褐色坏死斑,略下陷,后期亦产生黑色小点,严重时致病部以上坏死。

(2)发病规律:软腐病是一种细菌性病害,病菌以分生孢子盘或菌丝体在土壤中越冬,条件适宜时产生分生孢子通过雨水或浇水形成初侵染和再侵染。温暖潮湿适宜发病。病菌生长温度4～34℃;发病适宜温度20～26℃,百合生长期多雨,尤其是球茎生长期阴雨较多,田间积水发病较重。

(3)防治方法

①重病地区实行非百合科蔬菜3年以上轮作。

②收获后及时彻底清理病残组织,减少田间菌源。

③发病初期可选用25％炭特灵可湿性粉剂600～800倍液,或25％施保克乳油600～800倍液,或6％乐必耕可湿性粉剂1500倍液,或40％百科乳油2000倍液,或30％倍生乳油2000倍液,或25％敌力脱乳油1000倍液喷雾,保护地可选用上述有关药剂粉尘剂喷粉,7～10天防治1次。

7. 青霉病

青霉病是百合球茎贮藏期间的病害。

(1)危害症状:发病初期,受害鳞片上产生暗褐色病斑,病斑凹陷。以后病害逐渐向内部扩展,导致球茎缓慢干腐,病球茎需经几个星期才能烂掉。发病后期,病部产生青色霉状物,为病原菌的分生孢子梗及分生孢子。

(2)发病规律:病源为青霉菌。真菌通过组织上的伤口侵入,并在贮藏期间传染,病菌将最终侵入球茎的茎盘,使球茎失去商品价值或使植株生长迟缓。贮藏期间,在鳞片腐烂斑点上长出白色的斑点,然后会长出绒毛状的绿蓝色斑块。被感染后,在整个贮藏期间,甚至在-2℃的低温时,腐烂也会逐步增加。虽然受感染的球茎看起来不健康,但只要保证球茎茎盘完整,那么在栽种期间植株的生长将不会受到影响。种植后,青霉菌的侵染不会转移到茎秆上,也不从土壤中侵染其他植株。

(3)防治方法

①收挖球茎及贮运过程,应尽量减少损伤。

②采收后在干燥环境中晾10~15天,促其干燥和伤口愈合。

③将球茎贮藏在加有漂白粉的土中(每50千克土拌和0.35千克漂白粉)。

④将4匙苯莱特加在1升26~30℃的温水中,然后,将球茎放入浸15~30分钟。阴干后,再进行贮藏。

⑤种植前用2%高锰酸钾溶液或0.3%~0.4%硫酸铜溶液浸泡1小时,晾干后再种植。

8. 疫病

疫病又称百合脚腐病,该病在雨水多的年份发病较重,导致茎叶腐烂,植株倒伏,影响球茎产量。

(1)危害症状:发病期于6~8月,茎、叶、花均可受害,在茎基部被感染处初期出现水渍状,后形成软腐和成为暗绿色至黑褐色不规则病斑,并向上扩展后腐败,产生稀疏的白色霉层,即病原菌孢囊梗和孢子囊,同时根系大量死亡,基部叶片先黄化,上部叶片生长受抑制,植株长势减弱;湿度大时在地上的茎部也常发生类似软腐的感染,引起茎猝倒、弯曲或软腐;幼嫩叶片易感染,初为水渍小斑,后逐渐扩大为灰绿色病斑,花受害后呈软腐状。

(2)发病规律:病菌以卵孢子、厚垣孢子或菌丝体随病残组织遗留在土壤中越冬。春季卵孢子或厚垣孢子萌发,侵染寄主引起发病。降雨多、空气和土壤湿度大,病残组织能产生大量孢子囊,通过雨水飞溅引起再浸染,短期能造成病害大发生。

(3)防治方法

①选用健壮无病种用球茎,加强种用球茎贮藏期管理,防止种用球茎失水。

②播种前用1∶500福美双溶液或40%福尔马林50倍液浸种15分钟。

③加强田间管理,种植地要高畦深沟,畦面平整,以利排水,灌溉时应避免弄湿叶片。改善通风、光照条件,增施磷钾肥,使植株生长健壮,增强抗病力。中耕除草不要碰伤根茎部,以免病菌从伤口侵入。

④及时拔除病株,彻底清除地面病残体,集中烧毁。拔除病株后,用50%石灰乳消毒处理。

⑤发病初期,用0.5%波尔多液1000倍液,或40%乙膦铝300倍液,或25%甲霜灵2000倍液,或70%敌克松原粉1000倍液喷洒。喷洒时应使足够的药液流到病株茎基部及周围土壤,采收前3天停止用药。

9.叶枯病

此病发生较普遍,严重时,整叶枯死。

(1)危害症状:主要危害叶尖,受害叶尖变黑褐色坏死或干枯并不断向叶片基部扩展蔓延。叶片中间受害,形成纺锤形或椭圆形病斑,边缘褐色或红褐色,中央灰白色,病部上散生许多小黑点,即病原菌分生孢子器。

(2)发病规律:病菌在病残体或田间病株上越冬,第二年借风雨传播,从伤口侵入或表皮侵入,造成田间发病。此病在 6 月份开始发病。肥水管理不好、植株生长衰弱的易发病。

(3)防治方法

①加强管理,使植株生长健壮,减少各种伤口。

②发病初期开始喷洒 30%绿得保(碱式硫酸铜)悬浮剂 400 倍液;或 47%加瑞农可湿性粉剂 800 倍液;或 65%代森锌可湿性粉剂 500 倍液,隔 10 天左右 1 次,连续防治 2～3 次。

10. 白绢病

该病主要为害植株的球茎,发生普遍,为害严重,影响百合的发育,降低经济价值。

(1)危害症状:主要发生在球茎或茎基部。病菌侵入球茎后产生水渍状暗褐色病变。后植株下位叶开始变黄,植株凋萎。扒开表层土壤,可见球茎被放射状白色菌丝缠绕,病部组织腐败,病部可见茶褐色小菌核。

(2)发病规律:白绢菌可经种用球茎带菌或直接由土壤中的病原菌侵害百合地下球茎、块根、根、茎及与地面接触的叶部。种用球茎带菌时,以菌丝方式侵入球茎外层鳞片或块根芽体,当气候适合菌丝生长时,开始长出绢丝状菌丝休,并分泌水解酵素摧毁寄主组织;若由土壤中之菌核发芽或植物残体上之菌丝接触球茎外层鳞片或块根,茎基部及根系时,也会造成为害,致水分吸收受阻,植株下位叶开始黄化,病势进一步扩展,造成整株萎凋死亡。温湿度适合菌丝生长时,以茎基部为中心的土表或宿根的茎上产生白色绢丝状菌丝束成放射状扩展,上面产生黄褐色至黑褐色菌核。

(3)防治方法

①发现病株,及时拔除,集中深埋或烧毁。

②施行轮作,最好与禾本科作物轮作。

③发病重的田块,每亩施石灰 100～150 千克,把土壤调节到

中性。

④发病初可用 20％甲基立枯磷乳油 1000 倍液,每 7～10 天
1 次,连喷 2 次。

11. 斑点病

斑点病又名白星病、褐斑病、叶点霉斑等,是一种为害轻微的
植物病害。

(1)危害症状:初期叶上发生褪色小斑,渐渐扩大成褐色斑点,
边缘深褐色;以后病斑中心产生众多的小黑点,严重时,整叶变黑
枯死。

(2)发病规律:病源为真菌,以分生孢子器在地表叶面上越冬,
翌年产生分生孢于侵染危害;高温潮湿多雨时病重。

(3)防治方法

①清除病叶,并烧毁。

②严重时,可用 80％代森锌或 50％代森锰锌 500 倍液喷洒,
防止蔓延。

12. 花叶病

花叶病为百合生产上普遍流行的一种病害,染病百合植株产
量和品质明显下降。

(1)危害症状:叶片上出现深浅不一的斑驳条斑、花叶;叶片扭
曲、畸形;花苞畸形和植株明显矮缩。

(2)发病规律:播种种用球茎茎带毒,出苗后即染病。田间主
要通过桃蚜、葱蚜等进行非持久性传毒,以汁液摩擦传毒,管理条
件差、蚜虫发生量大及与其他葱属植物连作或邻作发病重。

(3)防治方法

①在种植田及周围作物喷洒杀虫剂防治蚜虫,防止病毒的重
复感染。

②加强植株的水肥管理,避免早衰,提高植株抗病力。

③发病初期开始喷洒 1.5％植病灵乳利 1000 倍液,或 20％病

毒 A 可湿性粉剂 500 倍液,或 20%病毒净 500 倍液,或 20%病毒克星 500 倍液,或 20%病毒宁可湿性粉剂 500 倍液,或 1.5%的植病灵乳剂 1000 倍液等药剂喷雾。每隔 5～7 天喷 1 次,连续 2～3 次。

二、虫害防治

百合产区的害虫,主要有蛴螬、金针虫、蝼蛄、地老虎、迟眼蕈蚊及红蜘蛛等 10 多个虫种。其中以地下害虫蛴螬个体大、群体大、食量猛、活动期长、为害最重。

1. 蛴螬

蛴螬(图 4-1)是金龟甲的幼虫,别名白土蚕、核桃虫。成虫通称为金龟子,食量很大,是百合危害最大的地下害虫。

图 4-1　蛴螬

(1)形态特征

①成虫:成虫体长 24～30 毫米,体宽 13.5～14.5 毫米。体色赤褐色,翅有云状白斑分布,头部有粗大刻点及皱纹,密生淡褐色及白色鳞片。成虫昼伏夜出,于黄昏时开始出土活动,出土后即觅

偶交配,交配结束后,雌虫即潜入土中,雄虫则到处飞翔。雄虫上灯一夜有 2 次高峰,一为黄昏后,二为午夜 1～2 点,黎明前飞离灯光,潜入土中。

②卵:刚产下的卵为白色,略呈椭圆形,直径为 3.8～4.9 毫米,表面光滑,密布花纹。孵化始期为 7 月中旬,盛期为 7 月下旬。

③幼虫:幼虫乳白色,头部橙黄色,身体肥胖呈马蹄表,体长48～58 毫米,有许多皱褶,密生棕褐色细毛。

④蛹:田间大量化蛹、大量出现的时间为 6 月中旬。其蛹体在土壤中的深度一般距地表 15～20 厘米处。蛹长 32～35 毫米,宽15～16 毫米,体色呈黄褐色。

(2)危害症状:蛴螬对百合生长发育形成威胁的时期,是二龄幼虫至三龄虫阶段。幼虫咬食球茎、幼苗嫩茎,当植株枯黄而死时,它又转移到别的植株继续危害。此外,因蛴螬造成的伤口还可诱发病害发生。

(3)发病规律:蛴螬种类多,在同一地区同一地块,常为几种蛴螬混合发生,世代重叠,发生和危害时期很不一致。

(4)防治方法

①秋、春耕,并随犁拾虫。

②注意茬口安排。前茬为豆类、玉米、花生的地块,蛴螬危害较严重。

③避免施用未腐熟的有机肥。

④药剂处理种用球茎。

⑤合理灌溉,即在蛴螬发生严重地块,合理控制灌溉,或及时灌溉,促使蛴螬向土层深处转移,避开幼苗最易受害时期。

⑥用 50%辛硫磷乳油每亩 250 克,加水 10 倍,喷于 25～30千克细土上拌匀成毒土,顺垄条施,随即浅锄,或以同样用量的毒土撒于种沟或地面,随即耕翻,或混入厩肥中施用,或结合灌水施入;或用 2%甲基异柳磷粉每亩 2～3 千克拌细土 25～30 千克成

毒土,或用3％甲基异柳磷颗粒剂,或3％呋喃丹颗粒剂,或5％辛硫磷颗粒剂,或5％地亚农颗粒剂,每亩2.5～3千克处理土壤,都能收到良好效果,并兼治金针虫和蝼蛄。

2. 金针虫

为害百合的金针虫有沟金针虫(图4-2)、细胸金针虫和褐纹金针虫三种。

图4-2　沟金针虫幼虫

(1)形态特征

①成虫:雌成虫体长为16～17毫米,体宽为4～5毫米,为浓栗色,体表密生金黄色细毛;鞘翅长约为前胸的4倍,后翅退化。雄成虫体长为14～18毫米,体宽为3.5毫米;鞘翅长约为前胸的5倍,后翅发达能飞。

②卵:椭圆形,长×宽约为0.7毫米×0.6毫米,乳白色。

③幼虫:老熟幼虫体长为20～30毫米,体节宽大于长,体宽而略扁平,金黄色,被金黄色细毛;头扁平,头前部及口器暗褐色;体每节背正中有一细纵沟,尾节黄褐色,端部分2杈,末端稍向上弯,杈内各有1个小齿;足3对,大小相等。

④蛹:长纺锤形,黄色至褐色,雌蛹体长为 16～22 毫米;雄蛹体长为 15～19 毫米。

(2)危害症状:以幼虫为害较重,能咬食刚播下的百合球茎,食害胚乳使之不能出苗;已出苗可为害须根、主根和茎的地下部分,致使百合幼苗枯萎甚至死亡,同时因根部受伤,常引起百合病原菌的侵入而引起腐烂。

(3)发病规律:沟金针虫在北方一般 3 年发生一代,少数 4 年发生一代,在华北地区 2～3 年完成一代。以幼虫或成虫在土壤内越冬,翌年春季 10 厘米地温达到 9～11℃时,成虫出土开始活动,夜间交配产卵,每头雌虫可产卵 200 多粒,卵期为 35 天左右。

越冬幼虫在 10 厘米地温达到 7℃时,开始向土表层活动,以 15～17℃为最适宜。一般以越冬幼虫在春季危害最严重,夏季地温升到 20～26℃时,幼虫又转向深层土壤内,到秋季地温适宜时再上升活动危害。卵多产在 3～6 厘米深的土层内。幼虫期可达1150 多天,蛹期为 20 多天,羽化后的成虫不出土即越冬。

在土壤含水量 20% 左右时最适宜,过高或过低均不适宜幼虫活动。

(4)防治方法

①种植前要深耕多耙,收获后及时深翻。

②定植前可用 48% 地蛆灵乳油每亩 200 毫升,拌细土 10 千克撒在种植沟内,也可将农药与农家肥拌匀施入。

③生长期发生沟金针虫,可在苗间挖小穴,将颗粒剂或毒土点入穴中立即覆盖,土壤干时也可将 48% 地蛆灵乳油 2000 倍,开沟或挖穴点浇。

④药剂拌种:用 50% 辛硫磷、48% 乐斯本或 48% 天达毒死蜱、48% 地蛆灵拌种,比例为药剂∶水∶种子＝1∶(30～40)∶(400～500)。

⑤施用毒土:用 48％地蛆灵乳油每亩 200～250 克,50％辛硫磷乳油每亩 200～250 克,加水 10 倍,喷于 25～30 千克细土上拌匀成毒土,顺垄条施,随即浅锄;用 5％甲基毒死蜱颗粒剂每亩 2～3 千克拌细土 25～30 千克成毒土,或用 5％甲基毒死蜱颗粒剂、5％辛硫磷颗粒剂每亩 2.5～3 千克处理土壤。

3. 蝼蛄

蝼蛄(图 4-3)俗名叫拉拉蛄、拉蛄、土狗子等。

图 4-3　蝼蛄

(1)形态特征:蝼蛄成虫体黄褐色,全身有黄褐色细毛,头顶有一对触角。卵圆形。若虫形态近似成虫,初孵若虫无翅。

(2)危害症状:以成虫和若虫在土中咬食刚播下的种用球茎(尤其是刚发芽的球芽),也咬食幼根和嫩茎,造成百合缺苗断垄。并在表土层穿行时,形成很多隧道,致使种子不能发芽或幼苗失水枯死。

(3)发病规律:蝼蛄以成虫和若虫取食危害,并在土壤内做土室越冬。待 20 厘米地温达到 8℃时开始活动,温度在 26℃以上时,转入土壤深层基本不再活动。因此,蝼蛄以春季和秋季危害严重。

华北蝼蛄多生活在轻碱土壤内,产卵于15～30厘米深的土壤卵室内,一头雌虫可产卵80～800粒。非洲蝼蛄多生活在沿河或渠道附近,在5～20厘米深土壤中作长椭圆形的卵室产卵,每头雌虫可产卵60～80粒,产卵后离开卵室,卵室口常用杂草堵塞,以利隐蔽、通气和卵孵化后若虫外出。两种蝼蛄成虫的趋光性比较强,夜间活动最盛,对香甜物质、马粪、牛粪等未腐熟有机质具有趋性。

(4)防治方法

①合理轮作,深耕细耙,可降低虫口数量。合理施肥,不使用未腐熟的厩肥,防草治虫,可以消灭部分虫卵和早春杂草寄主。

②按糖、醋、酒、水为3∶4∶1∶2的比例,加硫酸烟碱或苦楝子发酵液,或用杨树枝把或泡桐叶,诱杀成虫。

③在百合幼苗出土以前,可采集新鲜杂草或泡桐叶于傍晚时堆放在地上,诱出已入土的幼虫消灭之,对于高龄幼虫,可在每天早晨到田间,扒开新被害百合周围的土,捕捉幼虫杀死。

④把麦麸或磨碎的豆饼、豆渣炒香后,用90%敌百虫晶体、40%氧化乐果,亩施毒饵2.0～2.5千克,在黄昏时将毒饵均匀撒在地面上,于播种后或幼苗出土后洒施。

⑤3龄以前用2.5%的敌百虫粉喷洒,亩用药量2～2.5千克。也可喷洒90%敌百虫或50%地亚农1000倍液。如防治失时,可用50%地亚农或50%辛硫磷乳剂亩用药量0.2～0.25千克,加水500～7500千克顺垄灌根。

4. 地老虎

地老虎俗称土蚕、切根虫、夜蛾虫等。

(1)形态特征:为害百合的地老虎主要为小地老虎和黄地老虎。

①小地老虎:小地老虎成虫是一种灰褐色的蛾子,体长17～23毫米,翅展40～54毫米,前翅棕褐色,有两对横线,并有黑色圆形纹、肾形纹各一个,在肾形纹外,有一个三角形的斑点。雄蛾触角为栉齿状,雌蛾触角为丝状。小地老虎幼虫(图4-4)体较大,长50～55毫米,黑褐色稍带黄色,体表密布黑色小颗粒突起。腹部末端肛上板有一对明显的黑纹。

图4-4　小地老虎

②黄地老虎:成虫体长15～18毫米,翅展约40毫米。黄褐色,前翅横线不够明显,中部外侧有黑色肾状纹及2个黑色圆环。雄蛾触角为双栉齿状,雌蛾触角为丝状。幼虫体长40～45毫米。黄褐色,体表多皱纹,颗粒突起不明显。腹部末端肛上板有2块黄褐色斑纹,中央断开,小黑点较多。

(2)危害症状:地老虎是多食性害虫,以幼虫危害植物幼苗,将幼苗从茎基部咬断,或咬食地下球茎。

(3)发病规律:地老虎发生的代数各地不一。小地老虎在华北地区1年发生3～4代,长江流域发生4～5代,华南发生5～6代,广西发生6～7代。黄地老虎在上述地区发生2～3代。在大多数地区以幼虫越冬,少数地区以蛹越冬。一般小地老虎在 5 月中下旬为害最盛,黄地老虎比小地老虎晚 15～20 天。两种地老虎幼虫为害习性大体相同,幼虫在 3 龄以前,为害百合幼苗的生长点和嫩叶,3 龄以上的幼虫多分散为害,白天潜伏于土中或杂草根系附近,夜出咬断幼苗。老熟幼虫一般潜伏于 6～7 毫米深的土中化蛹。成虫在傍晚活动,趋化性很强,喜糖、醋、酒味,对黑光灯也有较强的趋性,有强大的迁飞能力。在潮湿、耕作粗放、杂草多的地方发生。

(4)防治方法

①早春及时铲除地头、田边、地埂及路旁的杂草,集中带到田外沤肥或烧毁,以消灭草上的虫卵。秋翻或冬翻地,可以杀死部分越冬幼虫或蛹,减少翌年虫量。春季耙地,可消灭地面上的卵粒。

②在田间发现断苗时,在清晨拨开断苗附近的表土,即可捉到幼虫。连续进行捕捉,效果良好。

③黄地老虎喜欢在百合、苜蓿等幼苗上产卵,春季可利用这些植物诱集成虫产卵。当诱集植物出苗后,每 5 天喷 1 次药,20 天后把植物处理掉,可有效地消灭成虫和卵。

④用 90% 敌百虫 50 克,均匀拌和切碎的鲜草 30～40 千克,再加少量的水,傍晚撒在百合田附近诱杀幼虫。

⑤对地老虎 3 龄前的幼虫,可用 2.5% 敌百虫粉剂每亩 1.5～2 千克喷粉;或加 10 千克细土制成毒土,撒在植株周围;或用 80% 敌百虫可湿性粉剂 1000 倍液;或用 50% 辛硫磷乳油 800 液;或用 20% 杀灭菊酯乳油 2000 倍液进行地面喷雾。

在虫龄较大时,可用 50% 辛硫磷乳油;或 50% 二嗪农乳油;或 80% 敌敌畏乳油的 1000～1500 倍液,进行灌根,杀死土中的幼虫。

5. 蚜虫

蚜虫(图 4-5)又名腻虫,是危害百合最普通的虫害之一。

图 4-5　蚜虫

(1)形态特征

①成虫:分有翅和无翅两种。有翅蚜体长 1.6~2.1 毫米,体色有绿、黄绿、褐或赤褐色,头胸部黑色,额瘤显著,胸、触角、足的端部和腹管细长、圆柱形。无翅蚜虫体长 1.4~2 毫米,绿色或红褐色,触角鞭状,足基部淡褐色,其余部分黑色,尾片粗大,绿色。

②卵:长圆形,初为绿色后变黑色,长 1 毫米左右。

③若虫:若虫近似无翅胎生雌蚜,体较小,淡绿或淡红色。

(2)危害症状:主要是为害百合的嫩叶、茎秆,特别是叶片展开时,蚜虫寄生在叶片上,吸取汁液,引起百合植株萎缩,生长不良,花蕾畸形;同时还传播病毒,造成植株感病。

(3)发病规律:1 年可发生多代,以卵在植物根部越冬。翌年 3 月在越冬寄主上进行孤雌胎生,产生有翅蚜,迁飞到植物上危害。7、8月份危害严重,直到10月,经交配产卵越冬。

(4)防治方法

①及时多次地清除田间杂草,尤其是在初春和秋末除草,可消灭很多虫源。

②用木板、玻璃或白色塑料薄膜制成长方形牌子,正反两面都涂上橙黄色涂料,再刷上机油。把黄牌插在田间,引诱有翅蚜飞到黄牌上被粘住,每亩需设黄板30块。

③用于喷布的农药可选用50%抗蚜威1000倍液,或10%吡虫啉2000倍液,或40%乐果乳油1500倍液,或80%敌敌畏乳油1500倍液,或50%辛硫磷乳油1000倍液。施用任何药剂时,均应加1‰中性肥皂水或洗衣粉。最好用不同药剂轮换喷施,以免蚜虫产生抗药性。

6. 地蛆

地蛆(图4-6)又叫根蛆、粪蛆,常见的是种蝇和葱蝇的幼虫,是百合苗期为害较为严重的害虫。

图4-6　地蛆

(1)形态特征:成虫体长 4～6 毫米,体灰黄至褐色。卵长约1 毫米,长椭圆形,乳白色。幼虫体长 7～8 毫米,蛆形,乳白色略带淡黄色,头退化,仅有 1 黑色口钩。蛹长 4～5 毫米,围蛹,长椭圆形,红褐色。

(2)危害症状:幼虫蛀入球茎取食,受害的球茎被蛀成孔洞,引起腐烂,叶片枯黄,凋萎致死,常致缺苗断垄。

(3)发病规律:种蝇在北方 1 年发生 2 代,中原地区 1 年发生3 代。通常以蛹和少数老熟幼虫在土中越冬,早春开始羽化,3 月下旬至 5 月上旬为第一代为害盛期。成虫对未腐熟的粪肥。发酵的饼肥及葱韭味有明显的趋向性,晴天活动频繁,常集中在苗床活动并大量产卵,卵多产在植株根部附近潮湿的土壤里。孵化后的幼虫钻入球茎中为害,春秋两季为害最严重。干旱条件下卵孵化率低。

葱蝇在东北 1 年发生 2～3 代,华北地区 3～4 代,中原地区4～5 代,世代重叠现象严重,以蛹在寄主根际 5～10 厘米处越冬。华北及中原地区 3 月下旬至 4 月上旬为成虫羽化盛期,卵产在蔬菜植株周围的土缝中或幼苗上。

葱蝇在北方 1 年发生 3～4 代,以蛹在土中或粪中越冬。早春成虫大量出现,趋发臭的粪肥、饼肥的气味。集中在幼苗附近产卵。卵产在根部附近湿润土面及球茎上。卵期 3～5 天,孵化后钻入球茎为害。老熟幼虫在土中化蛹。

(4)防治方法

①春耕应尽早进行,避免耕翻过迟、湿土暴露招引成虫产卵。施用腐熟的有机肥。受害后大水浇灌可减轻为害。

②以红糖、醋、水按 1∶1∶2.5 的比例并加少量锯末和敌百虫

拌匀,放入直径 20～30 厘米的诱集盆内。诱液要保持新鲜,每5 天加半量,每天在成虫活动盛期打开盆盖。

③成虫产卵期可用:10%歼灭乳油 3000 倍液;或灭杀毙 6000倍液;或 2.5%溴氰菊酯 3000 倍液;或用 50%辛硫磷乳剂 800 倍液;或 40%乐果乳剂 1000 倍液;或 90%敌百虫 1000 倍液,喷雾或灌根防治。

7. 红蜘蛛

红蜘蛛(图 4-7)俗称火龙、砂龙,我国的种类以朱砂红蜘蛛为主,主要危害茄科、葫芦科、豆科、百合科等多种蔬菜作物。体形微小。

图 4-7 红蜘蛛(放大图)

(1)形态特征:成雌螨体长 0.42～0.52 毫米,雄螨体长 0.26毫米左右,为红褐色,无爪,有 4 对足;卵圆球形,无色透明;若螨体态及体色似成螨,但个体小,有 4 对足;幼螨近圆形,暗绿色,眼红色,有 3 对足。

(2)危害症状:常群集百合叶背面吸食叶内汁液;发生重时,叶片卷缩干枯,生长停滞,产量减少。

(3)发病规律:红蜘蛛每年的发生代数,因气候条件而异。它活动的最适温度为25～35℃;最适相对湿度为35％～55％。高温干燥,是该螨猖獗为害的主要条件,而不同的耕作制度则影响它的发生数量。比如前茬作物为豆类、谷子、玉米和棉花等,其虫口的越冬基数就大,翌年的发生情况也就比较严重。在北方,1年发生10代以上。

(4)防治方法

①及时清除田间及地头的杂草,特别是在晚秋和早春清除杂草,可消灭越冬的害虫,减少虫源。同时,减少春季害虫食物寄主,有助于减轻危害。

②茄子、大豆及玉米等作物是红蜘蛛的主要寄主,连续种植会加重红蜘蛛的危害。因此,此类作物应避免连作,注意轮作倒茬。

③晚秋或初冬进行深翻地,可消灭部分越冬的害虫,减少翌年的虫源。

④增施肥料,合理灌水,加强田间管理,促进植株旺盛生长,提高抗虫力。适期早播种,可在红蜘蛛盛发期之前长成较大的植株,能减轻危害。

⑤春季红蜘蛛的发生往往先在一小点,或一小片,逐渐蔓延。因此,应及时检查,及早在点、片发生时彻底消灭之。

⑥在发生初期,可用40％乐果乳油1000倍液;或50％敌敌畏乳油800倍液;或20％双甲脒乳油1000～2000倍液;或20％螨卵酯乳油800倍液;或35％杀螨特乳油1000倍液;或73％克螨特乳油1500倍液;或35％伏杀磷乳油500倍液;或10％天王星乳油3000倍液,上述药物之一,或交替使用,喷雾防治。

8.迟眼蕈蚊

迟眼蕈蚊幼虫(图 4-8)是近几年发现的百合新虫害,不仅在百合生长期为害,而且还是球茎贮藏期的害虫。

图 4-8　迟眼蕈蚊幼虫

(1)形态特征

①成虫:蚊子状。雄成虫体长 3~5 毫米,黑褐色,头部小,复眼大。触角丝状,长约 2 毫米,被黑褐色毛。胸部粗壮,隆突。足细长,褐色,胫节端部具 1 对长矩及 1 列刺状物。前翅透明,后翅退化为平衡棒。腹部细长,腹端宽大,顶端弯突。雌成虫体长 4~5 毫米,与雄虫基本相似,但触角短且细,腹部中段粗大,向端部渐细而尖,腹端具 1 对分为 2 节的尾须。

②卵:椭圆形,细小,乳白色,孵化前变白色透明状。

③老熟幼虫:体长 7~8 毫米,宽约 2 毫米,头、尾尖细,中间较粗,呈纺锤形,乳白色,发亮。头漆黑色有光泽,无足,体节明显,体表光滑无毛,半透明。

④蛹:体长 3~4 毫米,宽不足 1 毫米,长椭圆形,红褐色,近羽化时呈暗褐色,蛹外有表面沾有土粒的茧。

(2)危害症状:初孵幼虫先在百合基部及球茎上端蛀食为害。春秋两季主要为害嫩茎,导至根茎腐烂,使地上部分叶片发黄、萎缩,最后枯黄而死。夏季幼虫向下移动,蛀入球茎为害,造成球茎腐烂。严重地块成片死亡而毁种。

(3)发病规律:迟眼蕈蚊在黄河流域1年发生4代。以幼虫在球茎内休眠越冬。翌年3月下旬以后,越冬幼虫上升到1～2厘米深处化蛹,4月上、中旬羽化为成虫5月中、下旬为第一代幼虫为害盛期,5月下旬至6月上旬成虫羽化。6月下旬末至7月上旬为第二代幼虫为害盛期,成虫羽化盛期在7月上旬末至下旬初。第三代幼虫9月中、下旬盛发,9月下旬至10月上旬为成虫羽化盛期。10月下旬以后第四代幼虫陆续入土越冬。

成虫活动能力差,不善飞翔,善爬行,畏强光,喜欢在阴暗潮湿的环境中活动。常聚集成群,交配后1～2天即在原地产卵,常造成田间点片分布为害。卵多成堆于球茎周围的土壤内、叶鞘缝隙及土块下。初孵幼虫分散爬行,先为害嫩茎,再蛀入球茎。幼虫喜欢在湿润的嫩茎及球茎内生活。一般潮湿的壤土地为害严重。

(4)防治方法:成虫羽化盛期,顺垄撒施2.5%敌百虫粉或乐果粉,每亩撒施2～2.5千克,或喷洒40%乐果乳油1000倍液,或2.5%溴氰菊酯乳油2500倍液。幼虫为害盛期,用50%辛硫磷乳油、40%乐果乳油或90%敌百虫晶体1000倍液灌根,隔10天再灌1次,防效均在90%以上。

9. 蓟马

蓟马种类很多,为害百合的主要是葱蓟马(图4-9)。

图4-9 葱蓟马(放大图)

(1)形态特征:葱蓟马体型较大,体长约 1.2～1.4 毫米,体色自浅黄色至深褐色不等。

(2)危害症状:以成虫和若虫为害百合的心叶、嫩芽及幼叶,致百合植株受害后在叶面上形成连片的银白色条斑,严重的叶部扭曲变黄、枯萎,严重地影响百合的品质和产量。

(3)发病规律:蓟马的成虫活泼,善飞能跳。蓟马有趋嫩绿的习性,怕光。白天一般集中在叶背为害,阴雨天、傍晚可在叶面活动,最适宜发育温度为 23～26℃,相对湿度为 40%～70%。若温度达 35℃以上,则虫口明显下降。年发生 8～10 代,世代重叠。

(4)防治方法

①早春清除田间杂草和枯枝残叶,集中烧毁或深埋,消灭越冬成虫和若虫。加强肥水管理,促使植株生长健壮,减轻为害。

②利用蓟马趋蓝色的习性,在田间设置蓝色粘板,诱杀成虫,粘板高度与百合植株持平。

③化学防治可选择都定乳油 1500 倍液、欣惠康可湿性粉剂 2000 倍液、5%啶虫脒可湿性粉剂 2500 倍液、定击乳油 2500 倍液、抗虱丁可湿性粉剂 1000 倍液、禾安乳油 1000 倍液、博打乳油 1500 倍液。为提高防效,农药要交替轮换使用。在喷雾防治时,应做到全面细致,以减少残留虫口。

10. 根螨

取食植物的块根、球根和球茎的螨类称为根螨,花卉上的根螨类害虫主要危害百合、郁金香等,在云南百合受害较为严重。

(1)形态特征

①成螨:雌螨体长 0.58～0.87 毫米,卵圆形,白色发亮。螯肢和附肢浅褐色;前足体板近长方形;后缘不平直;基节上毛粗大,马刀形。雄螨体长 0.57～0.8 毫米。体色和特征相似于雌螨,阳茎呈圆筒形。跗节爪大而粗,基部有一根圆锥形刺。

②卵:长 0.2 毫米,椭圆形,乳白色半透明。

③若螨:体长 0.2～0.3 毫米,体形与成螨相似,颗体和足色浅,胴体呈白色。

(2)危害症状:生长初期该螨群聚于球根鳞片基部为害,只取食鳞片。在中、后期害螨进入茎秆基部取食为害,造成茎秆细胞组织坏死、变褐、腐烂,茎基部变软,地上部叶片从下向上变黄、脱落,后期只剩茎秆纤维,植株倒伏。

储藏期间被根螨为害种用球茎在鳞片表面形成虫斑,可造成根系、基盘、鳞片的腐烂。跟随螨虫的咬食,镰刀菌、疫病、腐霉病、细菌性腐烂病等其他病害严重发生。

(3)发病规律:该螨年发生 9～18 代,主要是以成螨在病部及土壤中越冬,尤其是腐烂的球茎残瓣中最多。该螨喜高温高湿的环境,在适宜的条件下繁殖快。雌螨交配后 1～3 天开始产卵,卵期 3～5 天。1 龄和 3 龄若螨期,遇到不适条件时,出现体形变小的活动化播体。若螨和成螨开始多在块根周围活动为害,当球茎腐烂便集中于腐烂处取食。该螨既有寄生性也有腐生性,有很强的携带腐烂病菌和镰刀菌的能力。高温高湿干旱对其生存繁殖不利。在 16～26℃和高湿下活动最强,造成的伤口为真菌、细菌和其他有害生物侵入提供了条件。

(4)防治方法

①种植前对土壤进行深耕、晒田。尽量避免重茬,可与水稻、油菜、豆类轮作,减轻刺足根螨的发生。采后的残体要集中堆放,集中处理,最大限度地消灭害螨。

②应选择表面光滑、无虫斑、基盘正常的种用球茎,剔除带螨种用球茎。

③种用球茎消毒处理是防治根螨最有效的方法。

④用 20%氰戊菊酯与 40%辛硫磷混合(1∶9),每亩 200～250 毫升拌湿润的细土,翻耕后撒入田内,然后整地种植。

⑤4 月上、中旬用 20%扫螨净可湿性粉剂 3000 倍液或 40%

水胺硫磷乳油 1/500 倍液加 5％菌毒清水剂 300 倍液或加 50％敌克松可湿性粉剂 700 倍液根部浇灌。根部浇灌需在晴天或阴天土壤不积水时进行,且淋施前需锄松表土层,否则,效果差,且影响百合正常生长。2～3 次,每次间隔 15～20 天。

11. 根结线虫

危害百合的根结线虫为根腐线虫和草地线虫,这两种线虫严重危害百合,以前者危害更严重,分布也较广泛。

(1)形态特征

①成虫:根结线虫雌雄异体。雌成虫梨形,多埋藏在寄主组织内,大小(0.44～1.59)毫米×(0.26～0.81)毫米。

②幼虫:呈细长蠕虫状。雄成虫线状,尾端稍圆,无色透明,大小(1.0～1.5)毫米×(0.03～0.04)毫米。

③卵:通常为褐色,表面粗糙,常附着许多细小的沙粒。

(2)危害症状:发病初期部分叶片出现黄化,若在生长季早期感病,则受害更重,感病植株严重矮化。根上出现许多坏死斑或伤口,在根受害处边缘组织内或在球茎外层鳞片的浸染处可发现线虫。

(3)发病规律:病原线虫在病株根残体内或土壤中生存,借助受害球茎的根残段及整地时土壤的移地而传播。其寄主范围很广,轮作对控制病害发生发展无效。

(4)防治方法

①用杀线虫剂进行土壤熏蒸处理。可选用 98％棉降颗粒剂,每平方米用 10～20 克撒施或沟施,混入 20 厘米深土壤中,施药后即覆土,并覆盖薄膜,保湿熏蒸 10 天左右。揭膜松土放气 1 周后再种植,可减少土壤中根结线虫的密度。

②种植前剔除感病球茎或进行药剂浸泡处理。

③发现病株,立即挖除,集中销毁。

12. 鼠害

百合产区土壤中,时有鼠害发生,主要有褐家鼠、黄胸鼠和鼹鼠。

(1)危害症状:鼠类伤及百合根部、球茎、茎秆入土部位等的组织器官,严重时可导致百合植株死亡。

(2)发病规律:北方百合产区的病害在正常年份零星发生,但在生长季节遇到高温高湿的气候条件;南方的百合产区,气候温湿,常有许多病害大面积发生的危险。

(3)防治方法

①清除田边杂草,破坏鼠类栖居环境。

②在田边、田埂、近田水沟水塘桥坝等老鼠经常出没的鼠道上,每5米放1堆0.05%~0.1%敌鼠钠盐稻谷或小麦毒饵,每堆约1克,或0.3%~0.5%毒鼠磷毒饵。

第三节 百合田草害的控制

1. 百合田草害特点

杂草与百合争光、争水、争肥,不仅加剧病虫害,而且妨碍农事操作。

(1)早期为害重:早秋杂草在百合尚未出苗就发生,且比百合快且旺,竞争优势强。

(2)发生为害期长:秋播百合田可分早春、晚春、早秋、晚秋4个草害期。

(3)多草为害:百合田主要有禾本科杂草和苋科、藜科、莎草科、菊科等一些阔叶杂草。阔叶类杂草和禾本科杂草分期出苗,很难用除草剂一次全消。

2. 综合防除技术

(1)农业防除法

①选用健康无病球茎进行繁殖,田间要通风透光,避免栽植过密,促植株健壮,增加抗病力。

②轮作换茬:水旱轮作区,种植百合可与其他作物 2～3 年轮作 1 次,旱作区与其他作物 4～5 年轮作 1 次,前茬以小麦、水稻、豆类、瓜类、油菜为好,不能选择种植过辣椒、茄子、甘薯、马铃薯、甜菜、烟草、葱蒜类、贝母等的田地。

此外,丘陵坡地应先由下坡种起,逐年由下向上轮作,切忌由上而下轮作,否则下坡地会受到病菌浸染,加重百合的病菌危害。

③深翻整地:深翻可以将表土层及杂草种子翻入 25 厘米以下,抑制出草。化学除草中芽前土壤封闭要求地平、土细,利于土表药膜形成,除草效果好。

④适期播种、合理密植:适期播种、合理密植:在腾茬后,于杂草自然萌发期适期播种,消灭部分已萌发的杂草幼苗。合理密植,创造一个有利于百合植株生长发育而不利于杂草生存的环境。

⑤及时中耕除草:早春除草 1 次,可提高地温,夏季根据情况可除草 2～4 次。百合种植密度大,除草时要用窄锄小心翻耕,勿损伤植株。

⑥覆草:秋播百合时覆 3～10 厘米厚的稻草、玉米秆等,不仅能调节田间温度、湿度,而且能有效地抑制出草。

(2)化学防除法:使用化学除草剂是防除大百合田间杂草的有效途径之一。

①播后萌芽前杂草防除:百合播种后出苗慢,地面裸露期较长,易滋生各类杂草。采用化学除草方法能避免草害发生。在百合播种后杂草萌芽前,可以安全使用的除草剂较多,圃草封、二甲戊灵(施田补、菜草通)、乙氧氟草醚(果尔)、地乐胺、毒草胺、异丙隆等均能防除通过种子萌发的多种禾本科杂草及阔叶杂草。这类

除草剂叫芽前除草剂,又叫土壤封闭除草剂,对百合安全。使用圃草封+果尔,基本可以防除绝大多数一年生杂草。

②苗期杂草防除:在百合苗期,杂草萌芽前所使用的除草剂主要有圃草封、二甲戊灵(施田补、菜草通)、地乐胺、扑草净、灭草灵、氨磺灵等。

③生产期杂草防除:百合田中的杂草,主要包括一年生禾本科杂草、一年生阔叶杂草、莎草科杂草及多年生宿根杂草四类。防除禾本科杂草马唐、牛筋草等,使用大杀禾、精奎禾灵、高效盖草能、拿捕净、威霸等均可有效防除,对百合安全。防除莎草科杂草和阔叶杂草,目前基本没有成熟的方法,建议使用圃草净进行试验,观察1个月,若对百合无影响,即可扩大使用面积。圃草净可以防除阔叶杂草和莎草科杂草。防除多年生宿根杂草建议使用草甘膦涂抹,但不能抹到百合上。

(3)药害补救:除草剂喷药时要经常摇动,保证配药浓度均匀,并均匀周到喷雾,防止重复喷药以免产生药害。一旦发生药害,要及时采取以下几种措施补救:

①喷清水淋洗:如果是叶面和植株上喷洒除草剂产生的药害,可迅速大量喷洒受药害的作物,尽量冲洗表面残留药,增施磷钾肥,中耕松土,增强作物恢复能力。

②迅速增施速效肥:可施用翠康促根液等速效肥料,以增强农作物生长活力,对受害较轻的种用球茎、幼苗效果比较明显。

③喷施缓解药害的药剂:可用生长调节调节剂如0.003%爱增美、1.8%爱多收、0.136%碧护等。

④去除植株药害较严重的部位:迅速去除受害植株较重的枝叶,以免药剂继续传导和渗透,对受害田块要迅速灌水,防止药害范围继续扩大。

(4)百合地使用化学除草剂的注意事项

①百合地的杂草种类很多,应当选择能兼除几类杂草的除草

剂。如果长期使用某一种除草剂,则会使百合地杂草的种类和群落(或称种群)发生变化,从而增加除草的难度。因此,除草剂以轮换施用或混合施用较好。

②目前,百合地禁用的除草剂有绿黄隆、甲黄隆、百草敌、二甲四氯、苯达松、嘧黄隆、巨星、拉索、2,4-D、乙草胺和西玛津。

③除草剂的保存年限和保存方法会影响到防除效果。除草剂在室温下可似保存2~3年。原装乳油一般3~4年不会失效;粉剂或分装过的乳油最好在2年内用完。每次用过后要盖紧瓶盖并包扎塑料薄膜,防止药液挥发。

第五章 百合球茎的贮藏与加工

第一节　百合球茎的贮藏

百合采收后,除了供应市场销售和加工外,其余的需保鲜贮藏,缓解市场供求矛盾。留种用的百合更需要保鲜贮藏,以保持种用球茎质量和提高发芽率。

一、百合球茎贮藏特性

(1)百合球茎喜冷凉环境,其球茎在土壤中能耐-7~-8℃的低温,能安全越冬。球茎收获后,在环境温度达到-3℃时,球茎被冻结或结冰,但经10~15℃的缓慢解冻后,仍能恢复其脆嫩鲜活的品质。

(2)百合球茎具有休眠期,经过低温处理的百合球茎,当环境温度达到8℃以上时,球茎就开始发芽生长活动。

(3)百合球茎一旦见光、受热或风吹日晒,则外层鳞片皮色变红,导致百合球茎产品的品质降低。

(4)百合球茎是由众多鳞片紧密抱合而成的球状体,极易受到外力损伤(如收挖、挑选、搬运过程中的碰撞、挤压等),易受病菌侵染,致使鳞片腐烂。

所以,百合球茎的贮藏方法,就是要根据上述特性,对贮藏环境条件中的温度、湿度、气体成分、光照等条件,进行人工或自动控制调节,提供最适宜而又经济的贮藏条件,以保护球茎得到安全完好的贮藏。

二、贮藏方法

1. 贮前处理

为了防止鲜贮的百合发生褐变腐烂,采挖后要将百合球茎放在阴凉的室内摊晾,降低鳞片中水分,但时间不宜长,一般 2 天左右为宜,然后去泥土、有子球的要分离子球(泥土去不掉的,可用 5～10℃的水冲洗干净,洗后阴干)。在晾晒的过程中要仔细挑选,将带有病斑、虫斑和损伤的百合球茎剔除;球茎的肉质根剪留 3 厘米长;肉质根和球茎盘中间所夹的土粒、杂物要去除干净;人工操作和搬运过程中,做到轻拿轻放,避免撞伤、挤压、损伤球茎或鳞片(百合球茎一旦被造成伤口,很容易导致病原菌的侵染及其腐烂)。

2. 留种百合贮藏

无论是春播还是秋播,选出留种的百合种用球茎在采挖后都要进行贮藏(秋播贮藏 30～50 天)后方能播种。因此,为防止百合贮藏过程中受病虫危害、霉烂变质,留种百合贮藏应把握以下几个要点:

(1)种留的百合需在植株枯黄收后选择晴天采收。

(2)用来贮藏留种的百合一定要充分成熟,含水量低,无病无虫,没有损伤。捡球装筐时要去掉茎秆,除净泥土,剪去须根,轻拿轻放,分级装筐,并及时遮光,运回室内,防止在田间日晒,以免外层鳞片变红和干燥,品质变劣,影响发芽率。

(3)选择母鳞茎肥大、整齐度一致、色泽洁白、抱合紧密、根系健壮、顶平而圆、苞口完好、无病无虫伤、无异味、无烂片、下根多且粗壮、分囊清楚(每个种用球茎具有三四个子鳞茎)的种用球茎作种,无根种用球茎不宜留作种用。

(4)贮前都要用 1000 倍 60％代森锰锌＋70％甲基托布津＋

1000 倍 50％辛硫磷浸泡 30 分钟,进行种用球茎消毒处理,晾干后进行种用球茎贮藏。

(5)贮藏地点掌握"干燥、通气、阴蔽、遮光"的原则。如果选择秋播,可根据本书"第二章引种后种用球茎的贮藏方法"进行 30～50 天的短期贮藏。如果选择来年春播,可与商品百合一样进行冷库贮藏或窖藏,只是种用球茎与商品百合分开放置即可。

3. 商品百合贮藏

商品百合的贮藏可以分为简易贮藏和设施贮藏(窖贮藏、冷库贮藏),扁球形、抱合紧密的百合品质好,耐贮藏。北方和西北地区产的百合球茎比南方产的百合球茎耐藏性好。

(1)塑料袋贮藏法:如果收获的百合球茎数量较少且在 50 天内食用,可直接将鲜百合装入保鲜袋,封口后置冰箱冷藏室贮藏。室内贮藏冬季贮藏温度不应低于 0℃,随用随取。

(2)筐(箱、池)室内沙藏法:在室内用砖头或水泥砌一个埋藏坑,也可用木箱、箩筐等作容器贮藏。将百合埋藏在细沙中贮藏,其呼吸所需的氧气供应受到一定限制,有利于防止衰老。同时,细沙中温、湿度比较稳定。入贮初期百合呼吸旺盛时,沙子可吸收部分水分,贮藏后期百合球茎需要水分时,细沙又可以供给一部分水分,从而使百合始终处在比较适宜的贮藏环境中。沙藏可将百合贮藏至来年春季。

①预冷:贮藏前,须将百合均匀地铺在室内地上摊晾,以达到散热的目的。摊晾时,摊层高度以 2～3 只球茎高为宜。摊晾时间 2 天左右为宜,防止鳞片变色。摊晾后应及时选择,抓紧贮藏。

②挑选:选择色白、个大、新鲜、球形圆整、鳞片肥大、不带须根、无松动散瓣、棕色瓣的百合果球贮藏。

③消毒:贮藏用的容器应事先用 0.5％的漂白粉溶液消毒,晒干后待用。所需河沙要求洁净干燥、无污物,湿沙须晒干至湿度 35％～50％的方可使用。贮藏室要选择一间干燥、通气、阴凉、遮

光的房子,并清扫干净,用0.3%福尔马林溶液或0.3%高锰酸钾溶液喷施一次地面。

④贮藏:在坑或(筐)底先铺一层约2厘米厚的河沙,然后按照一层百合一层河沙的顺序进行摆放,顶部和四周用河沙封严,不让百合显露在空气中,以减少养分损失。用筐(箱)装的百合应移入贮藏室内贮藏,防高温潮湿,防老鼠为害。

⑤检查:沙藏法的管理主要是前期通风,后期保温。9～11月份天气较热,要敞开门窗通风,以利百合呼吸散热,若发现表层沙层干燥,可喷洒少量清水。12月份后天气变冷,要注意保温防冻,使屋内温度不低于0℃。一般每隔20～30天检查1次,若没有发现异常现象,仍然用沙覆盖好;如发现有坏死腐烂的百合种用球茎,要继续进行检查,及时剔除处理,这样堆藏到翌年3月,堆内温度达5℃以上时,要及时终止堆藏,所藏百合球茎要另作处理,如将百合球茎取出,直接出售或进行加工,如鲜百合真空包装、制干、制粉等。

(3)窖藏法:选红薯窖等多种土窖,先把窖内清除干净,铲去一层旧土,以硫磺熏蒸1～2小时或喷杀菌剂消毒,将刨出的鲜百合在阴凉处摊晾2天后,去掉球茎上的泥土,挑选生长良好、无病、无创伤的鲜球茎小心放入窖中,球茎堆放高度为90～100厘米。百合入窖后至10月底以前要敞开窖口,以利通风散温(注意防雨),11月份后,根据天气情况,逐步封窖口,到大雪前后可封严窖口。经常入窖检查,发现异常现象及时处理,百合球茎可贮藏到来年春季。

(4)气调冷藏法:使用塑料薄膜封闭进行简易气调贮藏,是即经济、又简单的气调贮藏法,它可以在无制冷设备的常温库、窖内或冷库中得到充分的应用。

塑料大帐一般用0.23～0.4毫米厚的聚乙烯或无毒聚氯乙烯

塑料薄膜做成长方体形(底为空,以便套装),在帐的两端分别设置进气袖口和出气袖口,供调节气体之用。

①百合球茎入账前需把贮藏环境及塑料帐进行消毒,并检查塑料帐的气密性。

②百合按每袋 20～25 千克装入尼龙编织袋,先在地上铺一层垫底薄膜,再薄膜上摆放一层垫木,然后将装入编织袋的球茎码成垛,码好后用塑料帐罩住,帐子和垫底薄膜的四边互相重叠卷起用土压严,或用其他重物压紧,使帐子密闭。

③扣账后,应每天定时测定账内氧和二氧化碳的浓度。当帐内氧浓度低于 2%时,打开帐子袖口调气。为了使账内气体成分均匀,可采用鼓风机进行账内气体循环。

④定期检查球茎的贮藏情况,发现问题及时排除。产品出库时应强烈通风后,才能出库。

(5)冷库贮藏:冷库是现代工程技术设施建设中的高级形式,可根据所贮藏产品的不同要求,进行人工的调节和控制,是一种最安全可靠的贮藏方法。按类型分有大型冷库、小型冷库(微型节能冷库、土法节能冷库)等,其库容为 50～500 立方米。小型冷库成本较低,建设经费总额较少,特别是土法节能冷库所需经费更少,部分农户也能建造。随着经济的发展,如采用冷库贮藏百合的农户数量日益普遍。当然,如果需要贮藏的百合数量较少,可与其他果蔬共同贮藏。

①贮藏前的处理:刚采收的百合应放在阴蔽处,避免阳光暴晒,以防外层鳞片变色和失水。采收后应及时除去泥土、茎秆和须根,选色白、个大、新鲜、无病斑的百合,然后分级贮藏。

②保鲜剂处理:百合贮藏中最易出现青霉腐烂,因此宜选择对青霉抑制力较强的保鲜剂。用国家农产品保鲜工程技术研究中心研制的果蔬专用液体保鲜剂浸泡 3～5 分钟,捞出后直接晾干或于

0℃冷库预冷风干。该保鲜剂能显著抑制引起百合腐烂的霉菌的生长繁殖,防止腐烂。

③装箱:目前能使百合球茎保持新鲜和安全的包装箱有木箱、纸箱、塑料箱和保温性能好的聚苯乙烯泡沫板箱,每箱以 5 千克为宜。塑料周转箱贮藏百合,即百合球茎大量收获后,可存放于塑料周转箱内,运输方便,挤压损伤较少,可以直接入冷库,码垛贮藏,等待调运上市或加工处理;用有保鲜膜的纸箱或筐长期贮藏宜采用国家农产品保鲜中心生产的 0.03～0.04 毫米 PVC 保鲜膜,该保鲜膜具有透湿率高、防结露及合适的透气率的特点,适合百合的生理特性。也可采用 0.04～0.06 毫米 PE 或 PVE 真空小包装。待百合温度冷却至－2℃时,扎口,品字形码垛。

④冷库管理:冷库贮藏百合,库温以－2～2℃、空气相对湿度85%～90%为宜。

⑤贮藏期:采用该技术百合可保鲜 6～8 个月。

(6)Co-γ 射线扫射贮藏:用 Co-γ 射线辐照贮藏百合,可解决高温、高湿条件下百合的球茎萌发、鳞片有机物质的损耗腐烂问题。试验结果以 8000～15 000 伦琴等辐射量处理较为适宜。辐射量不能太高,否则会导致辐射损伤,使腐烂加剧,不利贮藏。辐射贮藏百合,不影响食品卫生,不影响出口,只要控制好温度与相对湿度小即可减少腐烂损失,既省工、省力,又提高经济效益,在百合贮藏保鲜中应大力推广。

三、运输

贮藏过程中的百合运输,贮藏前期可直接从冷库中取出,卡车运输即可,贮藏后期因耐贮性下降宜采用保温车运输。

第二节　百合产品的加工

百合是药食兼用的名贵特产,除供鲜食外,还能加工成多种风味保健食品,增加百合的生产价值。

一、真空包装

利用真空包装技术(图 5-1)加工的鲜百合,色、香、味、形会更佳,在 0～4℃的冷库内避光贮存,保鲜期可达 60 天,便于长途贩运和贮藏销售。

图 5-1　百合的真空包装

1. 工艺流程

适时采收→整理、去须根→挑选→晾干→包装。

2. 制作方法

(1)采收:在不受冷(冻)害的前提下适时晚采,采收前 10 天不能灌水。采收时动作要仔细,轻轻去掉泥土,防止产生机械伤,并将百合运回室内晾晒 2 天,注意不能在阳光下暴晒。

(2)去除泥土:使用毛刷去除泥土,剥去外表皮。经过处理后的百合达到新鲜、洁白,无烂斑、无伤斑、无虫斑、无锈斑,肉质须根部不得带有泥土,须根长不超过 1 厘米。

(3)分级:根据所种的百合品种进行规格分级。

(4)装袋:将符合各等级标准的鲜百合称重,按每袋 2 头或 4 头百合装袋,勿将杂质留在封口。

(5)真空密封:要求内容物离袋口 3～4 厘米,一般真空度为 (0.080～0.095)兆帕,抽真空时间为 10～20 秒,封口加热时间为 3～5 秒。

(6)装箱:袋装的百合多用泡沫箱盛装。

(7)贮藏:种用球茎分级包装后,先在 13～15℃条件下预冷处理 2 周,然后在 2℃下放置 8 周进行低温休眠处理,最后在 −1.5～−2℃库中进行贮藏。货物堆码须离地 10 厘米,货物间留 10 厘米的通风道。贮藏期 60 天。

二、百合干的加工

脱水百合干(图 5-2)含水量低,不易出现变色,较好地解决了过去用硫磺熏蒸而影响百合质量的安全问题。

图 5-2　脱水百合干

1. 工艺流程

鲜百合球茎→选料清洗→剥片、清洗→冷水漂洗→沥干表面水分→晒片→分级→包装→入库→成品。

2. 制作方法

(1)选料清洗:选择洁白、片大、紧包的百合球茎,剔除球茎小而多、鳞片小且包而不紧、虫蛀、黄斑、霉烂及表皮变红的百合球茎;去除皮部老化瓣后,在球茎基部横切一刀使鳞片分开,但保持鳞片完整。

剥片时,由于品种不同,鳞片质地也不同,因此,不同的品种不宜混剥,同一品种也应按鳞片着生的位置,按外鳞片、中鳞片和芯片分开盛装(如将鳞片混淆,因老嫩不一,难以掌握泡片时间,影响产品质量),然后,分别倒入清水中洗涤 1~2 次,以除去表面附着的泥土、沙尘、残留物和微生物,捞起沥干待用。

(2)晒片:天气晴朗时,晒片可采用自然晒干,倘遇阴雨天,可炕干或烘干,烘干时需翻动,使之受热均匀。翻动时用两手托起迅速翻过来,防止结成糊块。

①自然晒干:将漂洗后的百合鳞片均匀薄摊在晒席上,置于阳光下晾晒 2 天,当鳞片达 6 成干时,再进行翻晒(否则,鳞片易翻烂),直到全干。若遇阴雨天,应摊放在室内通风处,切忌堆积,以防霉变。

②烘房烘烤:当百合鳞片被送入烘烤房后,关闭门窗和通风设施。烘烤开始后,烤房内温度升高,温度宜控制在 70~75℃,当室内相对湿度超过 70% 时,通风 10~15 分钟;当烤房内相对湿度下降到 55% 左右时,关闭通风设施,以后以湿度表为依据通风排湿 4~5次。采用热风干燥法时,先通蒸汽再开风机,当烘烤室内温度上升到 70℃时,须打开排风扇排湿,每隔 20~30 分钟排湿 1 次。2 小时后,视百合鳞片的干湿程度适当延长排湿时间。烘烤后期,百合鳞片水分大部分散失,表面柔软,应继续烘干,直到完全符合要求。

烘烤好的成品百合干在烤盘中容易摇动,手感硬脆,掰破时干片中部不发柔,干片折断时有响声。整个烘烤过程中要勤检查、勤翻动,使烘烤的百合鳞片受热均匀。烘烤结束后,要及时将干片摊开散热,最后再堆放在一起回软通风,使百合干片干湿均匀,水分含量低于11%。

(3)分级:把晒干的百合鳞片冷却至室温后,用人工选片分级。

一级:色泽鲜明,呈微黄色,全干洁净,片大肉厚,无霉烂、虫伤、麻色及灰碎等。

二级:色泽鲜明,呈微黄色,全干洁净,片较大肉厚,无霉烂、虫伤、麻色及灰碎等。

三级:色泽鲜明,全干洁净,无霉烂、虫伤、麻色及灰碎,斑点和黑边不超过每片面积的10%。

四级:色泽鲜明,全干洁净,无霉烂、虫伤、麻色及灰碎,斑点和黑边不超过每片面积的30%。

感官指标为白色或微黄色,肉质略呈透明;鳞片状,干爽,肉质略带韧性;具有百合特有的滋味及气味;水分不超过14%,杂质控制在0.5%以下。

(4)包装入库:分级后用食品塑膜袋分别包装,每袋重250克或500克,或按客户要求包装。再装入纸箱或纤维袋内,置于干燥通风的室内贮藏,防受潮霉变,防虫蛀鼠咬。

三、百合粉的加工

将鲜百合或加工其他产品后的剩余物加工成百合粉,既可大大延长贮存期,又可方便食用。为了使百合粉洁白纯净,外感美观,必须把好漂洗、沉淀关,力求将浮面粉渣和底层泥沙清除干净。同时,在晒粉过程中,晒场上应防止风沙杂质飞入,以免使百合粉受到污染。

1. 工艺流程

鲜球茎(加工其他产品后的剩余物)→磨浆→过滤→漂洗→沉淀→干燥→包装→成品。

2. 制作方法

(1)清洗、磨浆:将鲜百合球茎(加工其他产品后的剩余物)去除各种杂质及毛根,洗涤干净,放入打浆机中,加适量的水,磨成百合浆,尽量磨细。

(2)过滤:将百合浆装入布袋,置于缸中,向布袋内加清水冲洗,边洗边搅拌,直到把浆液滤出,渣中无白汁,滤液成清水为止。

(3)漂洗:将过滤下来的百合浆液,在缸中用清水漂洗 2 次。每次漂洗需作全缸搅动,待澄清后,撇去浮面上的粉渣,除去底层的泥沙。

(4)沉淀:将漂洗过的中间层的百合粉浆,移置另一缸内,用清水搅稀后,让其沉淀。沉淀后,继续撇去浮面上的粉渣和缸底的泥沙,并反复 1～2 次,直到沉淀在缸底的百合粉颜色洁白为止。

(5)干燥:将沉淀下来的百合粉装进干净的布袋,悬吊 12 小时,沥去水分;再瓣成粉团,直至晒干(也可采用烘干的方法)。

(6)包装:将晒干后的百合粉用食品塑膜袋分别包装,每袋重 100 克或 200 克,贴上商标,即可供应市场。

四、百合脯的加工

1. 工艺流程

鲜球茎→清洗→烫片→硬化→配糖→糖煮→干燥→包装→成品。

2. 制作方法

(1)清洗:选用新鲜个大、鳞片肥厚、无虫、无伤、无霉烂的球茎为原料,分外、中、内层鳞片逐层剥下,内芯不要,放入清水中洗净后捞起沥干,分别堆放备用。

（2）烫片：将外、中、内层鳞片分别放入沸水中，上下翻动，至煮沸 1～2 分钟，立即捞出鳞片放入冷水中冷却漂洗，然后，再捞起沥干明水。

（3）硬化：先用生石灰与清水配成 1% 的石灰液，取石灰澄清液倒入缸（池）中，再放入烫片浸泡 6～8 小时，每小时翻动 1 次，使其均匀硬化。然后，捞出鳞片，用清水反复冲洗去残留石灰液，再捞起沥尽明水。

（4）配糖：取白砂糖 16 份、葡萄糖 16 份、净水 68 份，共煮沸制成 32% 的糖液，再加入糖液重量 0.3%～0.5% 的柠檬酸和苯甲酸钠，用四层纱布过滤后待用。

（5）糖煮：将鳞片放入 32% 的糖液中煮沸 3～5 分钟后，向锅内加入适量白糖至糖液浓度为 43%，再煮 3 分钟后捞起出锅，放入 43% 的凉糖水中浸渍 12 小时。

（6）干燥通常采用以下三种方式：

①将糖煮鳞片捞起滤尽糖液，均匀平铺在竹帘上日晒干燥，加盖纱罩以防蚊蝇污染。

②利用日光温室自然干燥，既节约能源又防污染。

③将鳞片平摊烘盘上，送入恒温干燥箱或烘房，以 60℃ 火温烘烤 10～14 小时，6 小时后翻烘 1～2 次，至润干。

（7）包装：烘至鳞片含水量低于 15% 时，趁热从供盘上取下，然后，按照色泽、大小进行分级，冷却 24 小时后用食品袋包装好，即为百合脯成品。

五、百合糖水罐头

1. 工艺流程

鲜百合球茎→预煮→漂洗→配糖水→装罐→排气→灭菌→检验→成品。

2. 制作方法

(1)备料:选用优质球茎作原料,分层剥下鳞片、清水冲洗干净、捞起沥干水分。然后,取柠檬酸 0.25%、氯化钙 0.1%、明矾 0.2%、抗坏血酸 0.1%和净水 99.3%混合制成护色液,在室内常温下将鳞片放入护色液中浸泡 2 小时。

(2)预煮:锅内放入清水,加入水重量 0.2%的柠檬和 0.1%亚硫酸钠混匀,再放入鳞片,在 95℃水温中预煮 5 分钟,杀灭过氧化物酶。注意锅内水与鳞片的重量比保持在 2:1。

(3)漂洗:鳞片放入清水中漂洗 30 分钟,洗尽残留二氧化硫及杂物,然后,捞出沥干。

(4)配糖水:按清水 65 千克配白糖 24 千克的比例,置于锅内煮沸溶解,再加入 0.1%~0.2%的柠檬酸,调 pH 值至 4.5,制成 35%~37%的糖液,待用。

(5)装罐:剔除虫蛀、破碎和变色的鳞片。将色泽、大小较一致的鳞片装入洁净玻璃罐中,每罐装鳞片 220 克,注入糖液 140 克左右。

(6)排气:将玻璃罐放入排气箱中加热排气(温度达 75~80℃),再置于封罐机上封罐。

(7)灭菌:将百合罐头放入杀菌锅内,在 5 分钟内升温至 100℃,恒温杀菌 30 分钟,冷却至 37℃时取出,擦干罐外水分以防锈盖。

(8)检验:将百合罐头置于 25℃左右室内保温 5~7 天,经检验达到食品卫生标准后,方可包装入库贮存或供应市场。

六、百合乳液饮料

百合乳液作为一种浓淡适口,清香味纯,色、香、味俱全,营养丰富,具有百合风味的新型饮料,深受市场欢迎。

1. 工艺流程

原料选择→清洗→粉碎→加热→分离→加糖→均质→调配→装瓶→封盖→杀菌→冷却→质量检查→成品。

2. 制作方法

(1)原料选择:选用百合球茎产品或百合制干、百合罐头等加工材料的剩余物,如百合芯等,剔除虫斑和霉烂的鳞片。

(2)清洗:用自来水把百合剩余物冲洗干净,剔除漂浮物中的杂质及泥沙等。

(3)粉碎:用粉碎机或切片机,将百合鳞片粉碎至纵横径0.3~0.5厘米大小的碎块。

(4)加热:将粉碎后的百合鳞片碎块,置入热烫锅水中,温度保持60~80℃,煮熟百合,经过滤除去不溶于水的杂物,获得百合汁。水料比率即水:料=80:20。

(5)分离:利用百合淀粉中的直链淀粉和支链淀粉不同的特性,即直链淀粉能溶于热水,但是冷却后沉淀析出,不再溶于热水;支链淀粉经加热不断搅拌后,形成胶体溶液,并且冷却后也稳定,不出现沉淀物。通过加热溶解,冷却静置,沉淀出淀粉,在百合汁中保留支链淀粉,除去了直链淀粉,使百合汁形成稳定的胶体溶液。

(6)加糖:配制一定浓度的糖液,经过滤后加入百合汁中。

(7)均质:将百合汁溶液再经均质机,进行均质处理。

(8)调配:将糖度、酸度、百合汁浓度等调配全标准状态。

(9)装瓶:按市场需求、既定标准装瓶。

(10)封盖:使用标准瓶盖,用机器严密加封。

(11)杀菌:采用常压杀菌的办法即可。

(12)冷却:分段冷却至常温。

(13)质量检查:按成品检测标准进行质量检查。

(14)成品:装箱贮存和调运上市。

七、百合食谱

百合有鲜、干两种,均含有丰富的蛋白质、脂肪、秋水仙碱和钙、磷、铁以及维生素等,是老幼皆宜的营养佳品。食用方法很多,适合煎、炒、蒸、炸、煮等,是民间最常见的食用方法,现已有各大菜系的百合名菜几十种,成为中国菜中的珍品。

1. 百合莲子绿豆粥

【原料组成】大米 200 克,百合干 25 克,莲子 50 克,绿豆 50 克,冰糖 20 克。

【制作方法】

(1)将大米用清水洗净,百合干洗净泡发切成小块。

(2)莲子去芯洗净。

(3)锅内加适量水烧开,加入大米、莲子、绿豆煮开。

(4)转中火煮半小时,加入百合块,冰糖煮开即可。

2. 百合莲子瘦肉粥

【原料组成】瘦猪肉 200 克,莲子 20 克,百合 20 克,姜 10 克,盐 15 克,味精 5 克,白糖 5 克。

【制作方法】

(1)莲子、百合清洗干净;瘦肉切块;姜切片。

(2)不锈钢锅内注入清水,加入莲子、百合、瘦肉,用中火煲 40 分钟。

(3)调入盐、味精、白糖,同煲 20 分钟即成。

3. 枸杞百合糯米粥

【原料组成】枸杞 20 克,鲜百合 30 克,红糖 30 克,糯米 100 克。

【制作方法】

(1)枸杞洗净,百合洗净。

(2)糯米淘洗干净,放入沙锅中,加入百合与枸杞,加适量清

食用百合种植实用技术

水,文火煨粥,粥成时加入红糖,拌匀即可。

4. 首乌百合粥

【原料组成】糙米 100 克,百合干 25 克,何首乌 20 克,黄精 20 克,白果 10 克,干枣 15 克,蜂蜜 30 克。

【制作方法】

(1)何首乌、黄精均洗净,放入纱布袋中包好。糙米洗净,用冷水浸泡 4 小时,捞出沥干水分。

(2)百合干泡发,洗净切瓣,焯水烫透,捞出沥干水分。白果去壳,切开,去掉果中白芯。红枣洗净备用。

(3)锅中加入约 1000 毫升冷水,先将糙米放入,用旺火烧沸后放入百合、何首乌、黄精、白果、红枣,然后,改用小火慢煮成粥。

(4)待粥凉以后加入蜂蜜调匀,即可盛起食用。

5. 粳米百合粥

【原料组成】粳米 100 克,鲜百合 50 克(或干百合 30 克),白砂糖 100 克。

【制作方法】

(1)百合洗净或是将干百合磨成粉,备用。

(2)粳米淘洗干净,入锅内,加清水 6 杯,先置大火上煮沸,再用小火煮至粥将成。

(3)加入百合或百合粉,继续煮至粥成,再加入糖调匀,待糖溶化即可。

6. 百合红枣粥

【原料组成】糯米 30 克,百合干 9 克,干枣 15 克,白砂糖 20 克。

【制作方法】

(1)先将百合干用水泡发。

(2)糯米淘洗,和百合、干枣一起用文火熬成粥,加白糖适量即成。

7. 百合薏米绿豆粥

【原料组成】绿豆 50 克,薏米 50 克,大米 50 克,糙米 50 克,百合干 20 克,白砂糖 30 克。

【制作方法】

(1)糙米、薏米、大米、百合干、绿豆洗净,泡水 2 小时备用。

(2)所有材料放入锅中,加入适量水煮开。

(3)转小火边搅拌边熬煮半小时至熟烂。

(4)粥浓,加入白糖调味即可。

8. 银耳百合粥

【原料组成】干银耳 10 克,百合干 10 克,粳米 25 克。

【制作方法】银耳用水泡涨,百合干、粳米洗净后,一起放入锅中,加水适量煮成粥,再加冰糖少许即可。

9. 党参百合粥

【原料组成】粳米 100 克,百合干 20 克,党参 30 克,冰糖 30 克。

【制作方法】

(1)取党参浓煎取汁。

(2)百合干、粳米同煮成粥,调入药汁及冰糖即成。

10. 荠菜百合粥

【原料组成】粳米 150 克,荠菜 50 克,鲜百合 30 克,白砂糖 15 克。

【制作方法】

(1)粳米淘洗干净,用冷水浸泡半小时,捞出,沥干水分。

(2)荠菜洗净,切成细末。百合洗净,撕成瓣状。

(3)粳米、百合放入锅内,加入约 1500 毫升冷水,置旺火上烧沸,再用小火煮半小时,放入荠菜末,下白糖拌匀,再次烧沸即成。

11. 百合小米粥

【原料组成】百合干 50 克,干银耳(1 朵)20 克,红枣 6 颗,花生

30 粒,小米 1 纸杯,清水 15 碗,冰糖 1/2 纸杯。

【制作方法】

(1)百合干、红枣和花生洗净用清水泡发,花生去掉外皮。小米冲洗干净,放入清水中浸泡 30 分钟。

(2)银耳用清水泡发,去蒂摘成小朵,冲洗去杂质,沥干水备用。

(3)往锅内放入小米、银耳和花生,注入 10 碗清水搅拌均匀。

(4)加盖大火煮沸,改小火慢煮 40 分钟,期间不断翻搅,避免小米粘锅。

(5)煮至小米粥变得浓稠,注入 3 碗开水搅匀,来稀释小米粥,期间不断翻搅,避免小米粘锅。

(6)将红枣、百合和冰糖放入小米粥中,注入 1 碗开水稀释粥底,以小火续煮 30 分钟,即可出锅。

12. 核桃百合粥

【原料组成】粳米 100 克,核桃仁 40 克,百合干 20 克,冰糖 15 克。

【制作方法】

(1)粳米淘洗干净,浸泡半小时,沥干水分备用。

(2)核桃仁洗净,压碎。

(3)百合干泡发洗净切块,焯水烫透,捞出,沥干水分。

(4)锅中注入约 1000 克冷水,将粳米、百合放入,用旺火煮。

(5)放入核桃仁,改用小火熬成稀粥。

(6)粥内下入冰糖拌匀,再稍焖片刻,即可盛起食用。

13. 百合莲子粥

【原料组成】百合干、莲子、冰糖各 30 克,大米 100 克。

【制作方法】将莲子清洗干净,置于水中泡发。干百合、大米分别淘洗干净后,与莲子一同放于锅中,加水适量,先用旺火烧开,再用小火熬煮,待快熟时加入冰糖,稍煮即成。

14. 银耳百合莲子羹

【原料组成】银耳(干)20 克,莲子 150 克,鲜百合 20 克,枸杞子 15 克,冰糖 100 克。

【制作方法】

(1)将干银耳去除杂质后,撕成小块,放入饭中用清水浸泡1 天。

(2)鲜百合洗净去老蒂,掰成瓣。

(3)莲子剔芯与枸杞洗净备用即可。

(4)锅中放入适量的清水,放入银耳、莲子大火煮半个小时。

(5)加入枸杞、百合,并放入冰糖,继续煮半小时。

(6)改小火煮至银耳彻底变烂,变成浓稠即可。

15. 香蕉百合银耳羹

【原料组成】银耳(干)20 克,百合 20 克,香蕉 50 克,冰糖30 克。

【制作方法】

(1)干银耳用清水泡 2 个小时,去除根蒂洗净。

(2)百合洗净,泡发。

(3)香蕉剥皮后切成小薄片。

(4)枸杞洗净备用。

(5)把浸泡后的银耳撕成小块,装入炖盅,加适量清水上锅蒸30 分钟左右。

(6)将百合及香蕉片放入炖盅内,加冰糖再放入锅蒸 30 分钟后,加入枸杞稍焖即可。

16. 百合炒肉片

【原料组成】猪里脊肉 200 克,鲜百合 160 克,精盐 1 克,番茄酱 50 克,白糖 100 克,果茶 100 克,水淀粉 15 克,鸡蛋清 1 个,色拉油 500 克。

【制作方法】

(1)将里脊肉洗净,切成薄片,加精盐、料酒、蛋清、水淀粉拌匀,鲜百合洗净。

(2)炒锅烧热,倒入色拉油,烧至6成热时放浆好的肉片,炸至淡黄色时,捞出沥油。火锅烧热加底油,下番茄酱略炒,加果茶、白糖、清水少许,烧至糖化时勾薄芡,加热油50克,倒入百合、肉片,颠翻均匀,起锅装盘即成。

17. 拔丝鲜百合

【原料组成】鲜百合500克,白糖100克,面粉、食油各适量。

【制作方法】

(1)鲜百合洗净除根,面粉调成糊,将百合放面糊内拌匀。

(2)炒锅加油,烧至五六成热时,将挂糊的百合入锅炸至熟,锅内放少量油和100克白糖,熬成浅黄色,至糖液能拔丝时,倒入炸过的百合,翻匀即成。

18. 百合炖鲍鱼

【原料组成】鲍鱼50克,鲜百合50克,盐3克,胡椒粉2克。

【制作方法】

(1)将鲍鱼用水略烫捞出,取出肉洗去黑膜,去内脏,切十字花刀备用。鲜百合去泥沙洗净分瓣。

(2)锅内添清汤,放入百合炖至熟透,下入鲍鱼,煮至刚熟,加入盐、胡椒粉调味即可。

19. 百合杞子炖兔肉

【原料组成】兔肉300克,百合干40克,枸杞30克,盐5克,味精2克,香油2克。

【制作方法】

(1)将兔肉洗净切片。

(2)百合干洗净,用清水漂一夜捞出。

(3)将百合、枸杞及兔肉放入锅中。

(4)加清水,旺火烧开,小火炖至肉熟烂。

(5)加食盐、味精、香油后即成。

20. 冰糖百合南瓜

【原料组成】南瓜 250 克,百合 50 克,冰糖适量,糖桂花适量。

【制作方法】

(1)百合用清水洗净备用。

(2)南瓜削去表皮洗净,切成相同大小的长片放入碗中。

(3)在南瓜侧面和上面放入冰糖入沸水蒸锅内,盖上锅盖蒸10 分钟。

(4)将鲜百合撒入南瓜侧面和上面,蒸至 15～20 分钟。再将糖桂花淋在南瓜上,盖上盖子焖 1 分钟即可。

21. 百合枸杞炒西芹

【原料组成】鲜百合 70 克,枸杞 10 克,西芹 150 克,盐 5 克,鸡精 2 克。

【制作方法】

(1)枸杞泡发,洗净备用,西芹和百合洗净,西芹切成菱形块状。

(2)锅内放油,约七成热时,下西芹翻炒 1 分钟后,再下百合与枸杞一起翻炒 1 分钟。

(3)调入盐与鸡精炒匀即可。

22. 莲合炖肉

【原料组成】猪肉(瘦)250 克,莲子 30 克,百合 30 克,料酒 10 克,盐 3 克,大葱 10 克,姜 5 克,味精 1 克,植物油 25 克。

【制作方法】

(1)将莲子用热水泡发后去膜皮和芯。

(2)百合去杂洗净。

(3)将猪瘦肉洗净后用沸水焯去血水,捞出,洗净,切片。

(4)将猪肉片在炒锅里炒后,注入清汤。

(5)放入莲子、百合及各味适量辅料共煮,炖至肉熟烂即可。

23. 南瓜蒸百合

【原料组成】南瓜 250 克,百合 100 克,白糖、盐、蜂蜜各适量。

【制作方法】

(1)南瓜改刀成菱形块,百合洗净。

(2)南瓜、百合装盘,撒上调料,上笼蒸熟即可。

24. 松仁百合炒鱼片

【原料组成】净黑鱼肉 250 克,百合 50 克,熟松仁 30 克,青椒片、红椒片各适量,葱段、姜片、盐、鸡精、淀粉、胡椒粉、色拉油各适量。

【制作方法】

(1)黑鱼洗净切片,加盐、鸡精、淀粉上浆,滑油待用;百合洗净,焯水待用;松仁炸脆,待用。

(2)锅入油烧热,入葱段、姜片煸香,放入百合、鱼片、青椒片、红椒片,加盐、鸡精、胡椒粉调味,翻炒出锅,撒上熟松仁即可。

25. 西芹炒百合

【原料组成】芹菜 240 克,鲜百合 80 克,竹笋 80 克,胡萝卜 80 克,姜汁酒 1 茶匙,食油 2 汤匙,太白粉 1 茶匙(勾芡用),素高汤 60 毫升,盐 3/4 茶匙,糖 1/2 茶匙,胡椒粉适量,麻油适量。

【制作方法】

(1)芹菜除去枝叶,切成短条。鲜百合分瓣,洗净沥干。竹笋、胡萝卜分别切片,备用。

(2)锅烧热,下油两汤匙,放入芹菜、百合、竹笋、胡萝卜等,拌炒片刻。

(3)洒入姜汁酒,加素高汤、盐、糖、胡椒粉、麻油等调味,拌炒至所有材料软熟。

(4)用太白粉加入少量清水拌匀,倒入锅中勾芡,随即上桌。

26. 百合蒸老母鸭

【原料组成】老母鸭 1500 克,鲜百合 300 克,黄酒 20 克,盐 10 克。

【制作方法】

(1)洗净新鲜百合,滤干,待用。

(2)活杀鸭子,去毛,剖腹,洗净,滤干。

(3)将鸭子放入大瓷盆中,背朝下,腹朝上,将百合放入鸭肚内,再放入已洗净的鸭内脏,淋上黄酒 20 克,撒入细盐 10 克(喜欢甜食者,将盐改为白糖 50 克),最后将鸭头弯入腹内,用白线将鸭身扎牢。

(4)用旺火隔水蒸 4 小时,至鸭肉酥烂时离火。

27. 山药西瓜炒百合

【原料组成】山药 200 克,西瓜 150 克,鲜百合 150 克,大葱 10 克,姜 10 克,植物油 20 克,盐 3 克,味精 2 克,豌豆淀粉 5 克。

【制作方法】

(1)山药去皮切象眼丁,西瓜取瓤(去种)切象眼丁,以上两料与鲜百合分别用沸水焯出。

(2)滑勺内加植物油烧热,加葱姜末烹出香味,放山药、百合炒,随加盐、味精,加西瓜丁急火快炒,用水淀粉勾芡,淋明油即成。

28. 百合炒菠菜

【原料组成】菠菜 350 克,鲜百合 150 克,盐 3 克,味精 1 克,植物油 20 克。

【制作方法】

(1)菠菜去根后洗净,切 3 厘米长的段。

(2)鲜百合分瓣剥开洗净,沥干水分。

(3)锅中倒入 20 克油烧热,放入百合炒几下,放入菠菜及调味料(盐、味精),炒至熟透即可。

29. 西芹百合炒腰果

【原料组成】百合 50 克,西芹 100 克,胡萝卜 50 克,腰果 50 克,盐 1/4 小匙,砂糖 1/2 小匙(糖不可少)。

【制作方法】

(1)百合切去头尾分开数瓣,西芹切丁,胡萝卜切小薄片。

(2)锅内下 2 大匙油,冷油小火放入腰果炸至酥脆捞起放凉。

(3)将油倒出一半,剩下的油烧热放入胡萝卜及西芹丁,大火翻炒约 1 分钟。

(4)放入百合、盐、砂糖大火翻炒约 1 分钟即可盛出,撒上放凉的腰果即可。

30. 百合炒西兰花

【原料组成】西兰花 250 克,鲜百合 100 克,鲜香菇 120 克,白砂糖 4 克,香油 1 克,胡椒粉 1 克,姜 5 克,盐 3 克,姜 3 克,豌豆淀粉 15 克,色拉油 15 克。

【制作方法】

(1)鲜香菇洗净,切片。

(2)鲜百合剥开,洗净,放入滚水中煮 3 分钟,捞起浸于清水中,冷后取出沥干水。

(3)淀粉加水适量调匀成淀粉 30 克左右。

(4)将素汤 50 毫升、精盐少许、白糖少许,下鲜百合煨煮 5 分钟,捞起沥干水。

(5)西兰花切小朵,洗净放入开水中煮 1 分钟,捞起用清水冲洗,沥干水。

(6)锅架火上,加油 15 克,煸姜片,下鲜香菇炒几下,下西兰花及鲜百合炒匀。

(7)加入素汤 100 毫升、精盐、白糖、麻油、胡椒粉、姜汁炒数下,勾芡即成。

31. 百合炒芦笋

【原料组成】鲜百合 100 克,芦笋 200 克,白果仁 20 克,植物油 20 克,盐 3 克,鸡精 3 克,胡椒粉 2 克,辣椒(红,尖,干)5 克,大蒜(白皮)5 克。

【制作方法】

(1)将芦笋洗净切段,下入开水锅内焯一下,捞出控水。

(2)鲜百合掰片洗净。

(3)辣椒去蒂、籽洗净切片。

(4)炒锅注油烧热,下入蒜末爆香,放入辣椒片、百合煸炒,再放入芦笋、白果仁炒片刻,加入精盐、鸡精、胡椒粉炒匀即可。

32. 百合炖猪肚

【原料组成】猪肚 1 副,鲜百合 50 克,胡椒粉、盐、味精、葱、姜各适量。

【制作方法】

(1)把清洗干净的猪肚放进开水中用大火焯一下,加入料酒去除腥味,随后,再用清水把猪肚洗干净并切成小条,葱切段、姜切片备用。

(2)把切好的猪肚条和葱、姜放入盛有开水的沙锅里,盖上沙锅盖用大火煮开后,改用小火炖 30 分钟,再将百合放入锅中煮 30 分钟,然后,加入胡椒粉、盐、味精调味,搅拌均匀后即可出锅食用。

33. 百合牛肉

【原料组成】牛肉 350 克,百合 50 克,葱段 10 克,蒜泥 5 克,白糖 10 克,细盐 3 克,湿淀粉 5 克,鲜汤 500 克,姜片 3 克,八角茴香 2 粒,酱油 15 克,黄酒 15 克,花生油 40 克,味精 2 克。

【制作方法】

(1)把牛肉洗净,切成 2 厘米见方的块。

(2)烧热锅,放油 20 克,待油烧至七成热时,下葱、姜、蒜泥爆香,再放牛肉煸香后,烹黄酒,下糖、酱油、盐,稍煸后,加八角、鲜汤、百合,使牛肉淹没,用小火焖2小时至酥,然后,用旺火收汁,拣去八角,放味精,再用湿淀粉着薄腻,淋油上盆。

34. 百合拌金针菇

【原料组成】金针菇 200 克,鲜百合 50 克,橄榄油 20 克,盐20 克。

【制作方法】

(1)将百合洗净,剥瓣。

(2)百合放入沸水中焯至透明状,捞出后沥干水分。

(3)将金针菇洗净,去头部,放入沸水中焯熟,捞出后沥干分。

(4)在焯烫好的金针菇、百合中加入橄榄油、盐调味,拌匀盛盘即可。

35. 三色炒百合

【原料组成】鲜百合100 克,柿子椒 20 克,西芹 20 克,木耳(水发)20 克,花生油 15 克,盐 2 克,味精 1 克,白砂糖 2 克,淀粉(玉米)10 克,姜 5 克。

【制作方法】

(1)将鲜百合洗净分瓣。

(2)红椒洗净切成小片。

(3)西芹去筋切成片。

(4)鲜木耳洗净切成小片备用。

(5)锅内加水烧开,先投入百合、西芹片、鲜木耳片,用中火煮片刻捞出。

(6)另起锅倒入油烧热,放入姜片、红椒片翻炒几下。

(7)放入百合、西芹片、木耳片、盐、味精、白糖,用中火炒透入味,然后,用水淀粉勾芡即可。

36. 牛肉炒百合

【原料组成】鲜百合 200 克,牛肉 300 克,青椒、红椒、葱白、蒜片、太白粉、米酒、酱油、色拉油各适量,糖、蚝油、酱油少许。

【制作方法】

(1)百合掰开洗净,青、红椒切小块。酱油、蚝油、糖拌均匀。

(2)牛肉切片,加入酱油、色拉油、太白粉拌均匀。

(3)平底锅里,倒入少许油烧热,放入葱白、蒜片、牛肉片拌炒至牛肉变色(如温度太高可先熄火)。

(4)最后,倒入拌均匀的调味料,起锅前洒点米酒即可。

37. 百合炒腊肉

【原料组成】腊肉 150 克,西芹、鲜百合、草莓各 100 克。

【制作方法】

(1)腊肉切成片,西芹去筋切成片,百合掰开洗净,草莓切成片。

(2)锅中放水烧开,加西芹、百合过一下水,腊肉也过一下开水。

(3)锅中放 2 勺油,烧至温油,腊肉放入锅中余烫一下。

(4)炒锅中留底油,放入蒜茸、姜片起锅,把主配料同放锅中一起翻炒,加盐、味精、糖、水淀粉勾芡,淋上即可。

38. 百合炒玉米西芹

【原料组成】鲜百合 200 克,甜玉米粒 100 克,西芹 100 克,胡萝卜 50 克,盐、蘑菇精、色拉油适量。

【制作方法】

(1)西芹洗净、切段,百合分瓣、洗净,胡萝卜去皮、洗净、切成菱形小块。

(2)将全部原料用沸水焯一下。

(3)锅内放色拉油,下入焯好的蔬菜翻炒,用盐、鸡精调味后即成。

39. 百合炖猪肉

【原料组成】莲子 30 克,百合 30 克,瘦猪肉 250 克,料酒、精盐、味精、葱段、姜片、猪油适量。

【制作方法】

(1)猪肉洗净,焯去血水,切块。

(2)烧热锅加入猪油,煸香葱姜,加入肉块煸炒,烹入料酒,煸炒至水干。

(3)加入清水、精盐、味精、莲子、百合烧沸,撇去浮沫,改为小火炖烧至肉熟烂,拣去葱姜即可出锅。

40. 百合栗子鸡

【原料组成】鸡块 1000 克,煮熟去皮的栗子 300 克,百合干 20 克,酱油、糖、五香调料、黄酒各适量。

【原料组成】诸物置砂锅中,以小火煨炖熟烂即可。

41. 五香百合

【原料组成】鲜百合 200 克,熟火腿肉 100 克,干贝 100 克,蘑菇 100 克,绿萝卜 50 克,食盐 5 克,胡椒粉少许,味精 2 克,香油 2 克,姜末少许。

【制作方法】

(1)将鲜百合择洗净,切成块。

(2)干贝洗净蒸烂,火腿肉、萝卜、挖成 2~3 厘米大的圆球状放在水锅内汆熟,捞出用凉水漂凉待用。

(3)用扣菜碗一个中间放干贝,第二圈摆上百合,第三圈摆上火腿肉,第四圈摆上蘑菇球,第五圈摆上绿萝卜球,灌上高汤,上笼蒸熟取出,扣入大盘内。

(4)炒锅坐火上,加高汤 100 克,放盐、胡椒粉、味精、香油烧沸,浇要五色百合上即可。

42. 百合鱼片

【原料组成】鲜百合 150 克,青鱼(或草鱼,或黑色)肉段 400 克,生姜 3 克,青葱 3 克,水发黑木耳 15 克,蛋清 1 只,生粉 10 克,植物油(或猪油)、黄酒、精盐、白糖、味精各适量。

【原料组成】

(1)鲜百合剥去外面一层老瓣,分掰成瓣后洗净,加少许盐腌一下后冷水淋冲至净,沥干。

(2)鱼段片去皮、红色肉,片切成约 3 厘米见方、1 厘米厚的薄片,加上酒、盐、蛋清、生粉,拌和待用。

(3)水发黑木耳洗去泥沙,撕成小朵。

(4)植物油(或熟猪油 250 克,烧熟后降温至 5 成热,爆香姜片,分批投入鱼片,轻轻翻动,见泛白,倒入漏勺沥干油。

(5)炒锅内留油 15 克,烧至 6 成热,倒入百合片,煸透,加盐、糖、少许水,旺火煮沸,焖酥。投入鱼片,浇上黄酒,轻轻炒动,调味煮沸,加入味精、葱末。水生粉勾芡。再淋上少许熟猪油,炒勺起锅。

43. 金针拌百合

【原料组成】鲜百合 1 头,鲜金针菇 200 克,橄榄油 1 小匙、盐 1 小匙。

【原料组成】

(1)百合剥瓣,金针菇洗净去粗头部。

(2)煮水,水开后,先入金针氽烫后捞起。再将百合朵烫至呈透明色捞起。

(3)将氽烫过后的金针、百合加橄榄油、盐和匀即可。

44. 百合鸡蛋黄汤

【原料组成】鸡蛋 150 克,鲜百合 30 克,白砂糖 10 克。

【制作方法】

(1)将百合分瓣洗净,鸡蛋打开去蛋白取蛋黄。

(2)把百合放入锅内,加清水适量,武火煮沸后,文火煮半小时,放入蛋黄拌匀煮熟,加白糖再煮沸即成。

45. 百合大枣汤

【原料组成】百合干 40 克,干枣 100 克,桑椹子 40 克。

【制作方法】

(1)大枣去核洗净,百合、桑椹子洗净。

(2)诸物同置煲内,加水5碗,煲至出味即可。

46. 百合参耳汤

【原料组成】银耳(干)15克,百合干20克,北沙参20克,冰糖5克。

【制作方法】

(1)银耳水发后洗净,去根,撕碎。

(2)银耳放入蒸碗中,加水适量,再加入百合干、北沙参,上笼隔水蒸烂。

(3)将蒸碗移出,调入冰糖即可。

47. 百合熟地鸡蛋汤

【原料组成】鸡蛋150克,百合干40克,熟地黄40克,蜂蜜4克。

【制作方法】

(1)百合干、熟地黄洗净。

(2)鸡蛋煮熟去壳。

(3)把材料放锅内,用适量水,猛火煲至滚。

(4)用慢火煲1小时,汤成下少许蜜糖调服。

48. 百合玉竹蛤蜊汤

【原料组成】蛤蜊30克,百合15克,玉竹15克,盐3克。

【制作方法】

(1)将百合、玉竹洗净,蛤蜊肉洗净,清水浸半小时。

(2)把全部用料一齐放入锅内,加清水适量,武火煮沸后,文火煮20分钟,调味即可。

49. 百合蛋黄汤

【原料组成】百合花150克,鸡蛋70克,白砂糖10克。

【制作方法】百合花一瓣瓣摘下,用清水浸泡一夜,待出现白沫后,把水倒掉,放入锅中,加清水以旺火烧沸,改用小火煮半小时,再打入鸡蛋搅匀略煮,调点白糖即可趁温热时吃。

50. 百合莲花汤

【原料组成】鲜百合 100 克,莲子 50 克,黄花菜 5 克,冰糖150 克。

【制作方法】

(1)将百合、黄花菜用水洗净,装入汤盆内。

(2)莲子去掉两头及皮,捅掉心洗净,也放入汤盆内。

(3)汤盆内加入清水 500 克,上笼用大火蒸熟。

(4)放入冰糖,再蒸片刻即成。

51. 绿豆百合汤

【原料组成】绿豆 300 克,鲜百合 100 克,葱花 5 克,精盐 2 克,味精 1 克。

【制作方法】

(1)将绿豆拣去杂质,洗净。

(2)鲜百合掰开鳞片,弃去外面老瓣,洗净。

(3)锅置旺火上,加清水煮沸,加绿豆、百合再煮沸,撇去浮沫,改用小火,待绿豆至开花,百合鳞片破烂时,起锅加入味精、精盐、葱花即可食。

52. 南瓜百合汤

【原料组成】南瓜 300 克,鲜百合 25 克,枸杞 15 克,冰糖30 克。

【制作方法】

(1)将南瓜去皮,切成小块,然后放入锅中。

(2)百合洗净,分成一瓣一瓣,带皮放入锅中。

(3)放入少许枸杞和冰糖,加适当的清水,煮开则好。

53. 百合鲫鱼汤

【原料组成】鲫鱼 1000 克,百合干 200 克,盐 5 克,胡椒粉

1 克,花生油 75 克。

【制作方法】

(1)将百合干去掉杂质,在清水中浸泡半小时。

(2)鲫鱼去鳞,去鳃,去内脏。

(3)经油炸后,加开水、精盐煮烂,汤滤清。

(4)将鱼、百合干、鱼汤同放沙锅中共煮至熟。

(5)撒胡椒粉调味即成。

54. 百合雪梨莲藕汤

【原料组成】鲜百合 200 克,雪花梨 300 克,莲藕 500 克,盐 3 克。

【制作方法】

(1)鲜百合洗去泥沙,一瓣瓣的撕成小片状。

(2)雪花梨去内核,切成小块。

(3)白莲藕洗净去节,也切成小块。

(4)把雪梨与白莲藕放入清水 5 杯中煲约 2 个小时,再加入鲜百合片,煮约 10 分钟,放盐调味即可。

八、百合药膳

1. 肺病咯血、咳嗽痰血、干咳咽痛

百合、旋覆花各等份,焙干研为细末,加蜂蜜、水,日服 3 次。

2. 肺燥咳嗽,干咳无痰

百合、粳米各 50 克,去尖杏仁 10 克,白糖适量,共煮粥食。

3. 支气管扩张

百合、白及、百部、蛤蚧粉等份,共研细末,和水为丸,每日 3 次,饭后服 3 克。

4. 神经衰弱、心烦失眠

百合 25 克,菖蒲 6 克,酸枣仁 12 克,水煎,日服 1 剂。

5. 神经衰弱,睡眠不宁,警惕易醒

百合 90 克,蜂蜜 1～2 匙,拌和蒸熟,临睡前适量食之(注意不要吃太饱,同时应少吃晚饭)。

6. 耳聋或耳痛

干百合研末,以温开水服 6 克,每日 2 次。

7. 慢性支气管炎

(1)百合 20 克,粳米 50 克,煮粥食用。

(2)百合 9 克,梨 1 个,白糖 15 克,混合蒸 2 小时,饭后服。

8. 慢性胃炎

百合 30 克,乌药、木香各 10 克,每日 2 次,煎服。

9. 心动过速

百合、莲子各 30 克,大枣 15 克,烧甜羹食用。

10. 咽喉炎

百合 9 克,绿豆 15 克,同煮加糖食用。

11. 更年期综合征

(1)百合 30 克,红枣 15 个,烧汤食用。

(2)百合 60 克,鸡蛋 2 个(去除蛋白),百合煮烂后,倒入蛋黄拌匀,再煮沸加糖饮服,每日分 2 次服用。

12. 小儿支气管哮喘

百合 500 克,枸杞 120 克,共研细末,炼蜜丸,每日 6 丸。

13. 睡眠不宁,易惊易醒

生百合 150 克,蜂蜜 2 匙,拌和蒸熟,临睡前食之适量(半匙)。

14. 神经衰弱

干百合 15 克,酸枣 20 克,同煎,取汁,每日服 2 次。

15. 失眠、心悸

百合 60～100 克,加适量糖(或盐)煎水服用。此法又可用于肺结核的干咳、咯血、热病后期余热未清、虚烦惊悸的等症。如加用瘦猪肉佐膳效果更佳。

16. 胃痛、心烦失眠

百合 60～100 克,加糯米、红糖适量同煮粥。每日 1 次,连服 7～10 日。

17. 久咳、痰中带血、虚烦惊悸

百合 60 克洗净,大米 250 克,以适量水煨熬、待熟烂时,加冰糖 100 克搅匀。

18. 天疱湿疮

生百合捣烂,外涂天疱疮,每天 1～2 次,数日则愈。

19. 清心安神、润肺止咳

百合 100 克,芦笋 80 克。百合掰成瓣,撕去内膜,用盐捏后洗净,加适量清水煮至七成熟,然后,加入切成寸段的芦笋并调味。有清心安神、润肺止咳之功效。

20. 口舌生疮

百合粉 30 克,麦冬 9 克,桑叶 12 克,杏仁 9 克,蜜炙枇杷叶 10 克,加水煮,有养阴解表、润肺止咳的功效。另取鲜百合与莲子心共煎水,每日频频饮其汁。

21. 百日咳

甜百合 30 克,羊排骨 60 克,洗净、切块、炖烂,即可食用,每日 1 次。

22. 小儿汗症

百合 30 克,鳖肉 60 克。洗净、切块、炖烂时加少许食盐,香油等调料,即可食用,每日 1 剂,1 次食完。婴儿可喝汤。适宜于盗汗者,汗止为度。

附录一 百合栽培和加工技术规程

（龙山县百合办）

1 范围

本规程规定了生产无公害百合品种、土肥水管理、病虫害防治、球茎采收以及百合加工等技术。

本标准适用于龙山县内的无公害百合生产。

2 规范性引用文件

下列标准所包含的条文，通过在本规程中引用而构成为本标准的条文。

NY5010 无公害食品，蔬菜产地环境条件；

GB3095-96 环境空气质量标准；

GB5084-92 农田灌溉水质标准；

GB15618-95 土壤质量标准；

GB4285-89 农药安全使用标准；

GB/T8321 （部分）农药合理使用准则；

NY/T496 肥料合理使用准则、通则。

3 定义

无公害百合是指在来源于良好的生态环境，按无公害蔬菜生产技术规程生产，经过法定的专业质检部门检测，不含有毒有害物质或者是不含高毒高残留农药，其他低毒残留农药、亚硝酸盐、硝酸盐、重金属及其他有害物质符合国家标准的商品百合。

4 要求

4.1 环境

4.1.1 生产基地应按照百合产地适宜性优化原则,因地制宜,进行合理布局。

4.1.2 基地应选择大气、土壤、水源未受到工业"三废"和放射性污染的区域,实行严格监测和保护。基地内农田灌溉水质符合 GB5084-92 标准要求,空气质量符合 GB3095—96,土壤质量符合 GB15618-95 二级标准。

4.2 品种

选择性状稳定、产量高、品质优药食兼用的百合品种。

4.3 农药

无公害百合生产使用农药必须严格执行《中华人民共和国农药管理条例》和国家农业部,卫生部等五部委 1995 年《关于严禁使用高毒高残留农药,确保人民群众食菜安全的通知》的规定。

4.3.1 大力推广使用生物农药和高效低毒低残留、对天敌安全的农药及配剂,注意交替使用不同类型的农药。

4.3.2 百合施用农药应选择在苗期和生长前期、中期,后期控制施用或不施用。施药后要达到安全,分间隔期才能采收、销售和食用。

4.3.3 提倡生物防治,保护和利用天敌,减少农药使用量。

4.3.4 为提高喷药质量和防治效果,提倡选用先进的植保设备。

4.3.5 提倡根据经济阈值进行病虫防治,把百合病虫危害控制在允许的经济阈值以下,减少农药使用量,降低农药污染。

4.4 肥料

4.4.1 百合栽培应以有机肥为主,氮磷钾及微肥配合使用,不能单一过量施用氮肥。

4.4.2　百合生长中后期,要施用无公害蔬菜专用复合肥,有机肥和其他有机或无机多元复合肥,不得偏施氮肥。

4.4.3　粪肥要腐熟处理后才能使用(一般夏秋季沤制 10 天左右,冬季沤制 20 天左右),接近收获阶段不得使用粪肥。

4.4.4　不得使用未经无害化处理的垃圾肥料。

4.4.5　大力推广使用微生物肥料、生物有机复合肥、腐殖酸肥等,改良土壤增加肥力,改善无公害百合生产条件。

5　栽培技术规程

5.1　播前准备

5.1.1　土地选择

根据百合性喜阴湿,既怕干旱,又怕渍水等特征,选择地势较高、排水与抗旱方便、土壤呈中性或微酸性、近 2～3 年内未种过茄科作物和百合的沙质土壤。

5.1.2　深耕、整地、作畦

百合地下球茎作物,需要土层深厚、疏松肥沃、水分适宜的土壤。因此,百合地翻耕深度要达到 25 厘米以上,土壤要整平整细,清除杂草和前作残体,亩撒生石灰 50～75 千克和喷施溴氰菊酯,进行杀虫灭菌消毒处理。

旱地畦宽以 1.8～2 米为宜,沟宽 30 厘米,深 25 厘米,水田畦宽 1.2～1.4 米,畦沟宽 30 厘米,深 25 厘米,水田、旱地腰沟、围沟的宽分别为 40 厘米、45 厘米、30 厘米。

5.1.3　施足基肥

基肥占总施肥量的 60%,以有机肥为主(充分腐熟的猪、牛栏粪、土杂肥、饼肥)。有机肥充足的地方将肥料撒施于上面,然后进行深耕,达到全层施肥的效果;有机肥不足的地方,则采取集中施,基肥还应配合磷钾肥。一般结合整地亩施腐熟农家肥 2500 千克,草木灰 150 千克,过磷酸钙 50 千克,农家肥深翻前撒施,草木灰、磷肥作畦时施于土中。

5.1.4　精选种用球茎及处理

选择生长饱满、无病无虫、顶平而圆、鳞片抱合紧凑、根系健壮、单个球茎重 25～30 克的种用球茎。

将选好的种用球茎可以用以下药剂进行处理：

①用 800～1000 倍液的多菌灵或托布津喷雾；

②用 500 倍液的百菌清浸种 20 分钟；

③用 1：200 倍液的福尔马林浸种 30 分钟。

晾干后即可播种。

5.1.5　确定播期

百合播期弹性较大，但播种过早年内发芽而遭冻害、过迟不利于根系的生长和出苗、可根据地域不同而定。一般以 9 月上旬至 10 月下旬播种比较适宜，其中以 9 月上、中旬为最佳播种时期。

5.1.6　种植标准

根据种用球茎大小来确定株行距，从而进行合理密植。一般亩植 1.5 万株，按行距 25 厘米开种植沟，沟深 10 厘米左右，株行 20 厘米，下种时底部朝下摆正种用球茎，株间可施基肥，避免与种用球茎直接接触肥料，盖土厚度为种用球茎高度的 3 倍，亩用种量 250～300 千克。

5.2　田间管理

5.2.1　清沟排水

百合生长期田间渍水，极易导致发病死苗，后期减半，甚至绝收。但百合生育中后期正处于高温多雨季节，须认真做好清沟排渍工作，做到沟沟畅通，沟缺相对，雨停沟干。

5.2.2　疏苗、打顶、除株芽

3 月下旬百合出苗后，当一株百合发出两根地上茎时，应选留一根健壮的地上茎，其他一律疏除。

5月下旬,当百合现蕾时及时打顶,控制顶端优势,减少养分无效消耗。

6月上旬,叶腋间产生的株芽已成熟,应选择晴天上午露水干后摘除。

5.2.3　中耕、除草、培土

百合生长期一般中耕3次,在百合未出土前中耕一次,可结合施冬肥进行浅中耕,以破除土层,铲除杂草,促进出苗;出土后再中耕1次,行间深、株间浅;5月上旬,结合培土,进行1次中耕,深度6厘米左右,促进扎根,防止倒伏。

在百合未出苗前(1月下旬)用除草剂1次进行田间除草。

4月下旬至5月上旬(现蕾前)分次完成,培土做到深栽浅培,浅栽深培,培土时不要损伤和压埋植株。

5.2.4　科学施肥

百合追肥原则、早施苗肥、重施壮茎肥、后期看苗补肥。苗肥分两次施,第一次施肥在12月份(越冬肥),亩施腐熟农家肥1500千克;第二次施肥在出苗后,苗高2厘米时,一般亩施腐熟的饼肥100千克或畜粪2000千克。

4月中旬,亩施尿素20千克、复合肥50千克,促进植株生长,球茎分化。

5月中旬,亩施腐熟农家肥1000千克,促进球茎膨大。

6月上中旬,对叶色褪淡,长势较差的百合喷施0.2%磷酸二氢钾+10%尿素1次,亩用75～100千克。对于缺锌的百合,5月上旬喷施0.1%～0.2%硫酸锌液1次。

5.2.5　病虫防治

5.2.5.1　立枯病防治:播前种用球茎药剂处理。发病后及时拔除病株,病区用50%石灰水消毒处理,发病初期用10%双效磷400倍液或95%敌克松粉剂200克兑水50千克,隔7天喷雾

1 次,连续 2～3 次,在喷雾同时进行灌根,用 10％双效磷 500 倍液或绿乳铜 400 倍液灌根。

5.2.5.2 疫病防治:选择排水好的地块;发病初期及时拔除病株,喷洒 40％乙膦铝 300 倍液或 25％甲霜灵 2000 倍液或 70％敌克松原粉 1000 倍液防治。

5.2.5.3 灰霉病防治:被害植株及早拔除烧毁;在花蕾形成期选用 50％多苗灵 500 倍液、70％甲基硫菌灵 1000 倍液或 1∶1∶100 等量波尔多液喷雾;避免密植;勿过量施用氮肥。

5.2.5.4 蚜虫防治:用 40％蚜虱净 800 倍液或 25％鱼藤精 100 倍液防治。

5.2.5.5 地老虎防治:用毒饵诱杀(敌百虫拌菜叶)或辛硫磷液灌根。

5.3 适时采收

根据百合用途不同,进行分期采收。作加工用和鲜百合销售应在立秋后,处暑前后采收;作留种用应在 9 月上旬左右,待鲜百合充分成熟选择晴天采收,药剂处理后分级贮藏。

6 百合干加工技术规程

6.1 标准

干燥纯净,大小均匀,色泽微黄,食味清正。

6.2 加工

6.2.1 加工前准备

百合采收适宜期是立秋至处暑。选择连续晴天采收,挖出的鲜百合除去泥沙,剪去须根,存放气调库贮藏。

6.2.2 剥片清洗

将边片、中片和芯片分层剥开、分装,再用流动的清水清洗干净,晾干。

6.2.3　烘干

选用常规烘干设备,定量、定时、控温(80℃左右)进行烘烤(禁用水煮、硫磺熏蒸),烘干后,将干片放于室内2～3天进行回软,使干片内外含水量均匀。

6.2.4　分级包装和贮藏

干片回软后,按分级标准进行包装(包装选用塑料袋加纸箱,标准件重量20千克)。

6.3　分级

6.3.1　甲级

色泽鲜明,呈微黄色,全干洁净,片大肉厚,无霉烂、虫伤、麻色及灰碎等。

6.3.2　乙级

色泽鲜明,呈微黄色,全干洁净,片较大肉厚,无霉烂、虫伤、麻色及灰碎等。

6.3.3　丙级

色泽鲜明,全干洁净,无霉烂、虫伤、麻色及灰碎,斑点和黑边不超过每片面积的10%。

6.3.4　丁级

色泽鲜明,全干洁净,无霉烂、虫伤、麻色及灰碎,斑点和黑边不超过每片面积的30%。

附录二 波尔多液的配制

波尔多液是用硫酸铜和石灰加水配制而成的一种植物经常使用的预防保护性的无机杀菌剂,一般现配现用。

1. 配制方法

在植物生长前期多用 200～240 倍半量式波尔多液(硫酸铜 1 千克,生石灰 0.5 千克,水 200～240 千克);生长后期可用 200 倍等量式波尔多液(硫酸铜 1 千克,生石灰 1 千克,水 200 千克),另加少量黏着剂(10 千克药剂加 100 克皮胶)。配制波尔多液时,硫酸铜和生石灰的质量及这两种物质的混合方法都会影响到波尔多液的质量。配制良好的药剂,所含的颗粒应细小而均匀,沉淀较缓慢,清水层较少;配制不好的波尔多液,沉淀很快,清水层也较多。

配制时,先把硫酸铜和生石灰分别用少量热水化开,用 1/3 的水配制石灰液,2/3 的水配制硫酸铜,充分溶解后过滤并分别倒入两个容器内,然后把硫酸铜倒入石灰乳中;或将硫酸铜、石灰乳液分别在等量的水中溶解,再将两种溶液同时慢慢倒入另一空桶中,边倒边搅(搅拌时应以一个方向,否则易影响硫酸铜与石灰溶液混合和降低药效),即配成天蓝色的波尔多液药液。

2. 注意事项

(1)必须选用洁白成块的生石灰;硫酸铜选用蓝色有光泽、结晶成块的优质品。

(2)配制时不宜用金属器具,尤其不能用铁器,以防止发生化学反应降低药效。喷雾器用后,要及时清洗,以免腐蚀而损坏。

(3)硫酸铜液与石灰乳液温度达到一致时再混合,否则容易产生沉降,降低杀菌力。

(4)药液要现用现配,不可贮藏,同时应在发病前喷用。

(5)波尔多液不能与石硫合剂、退菌特等碱性药液混合使用。喷施石硫合剂和退菌特后,需隔 10 天左右才能再喷波尔多液;喷波尔多液后,隔 20 天左右才能喷施石硫合剂、退菌特等农药,否则会发生药害。

(6)波尔多液是一种以预防保护为主的杀菌剂,喷药必须均匀细致。

(7)阴天、有露水时喷药易产生药害,故不宜在阴天或有露水时喷药。

参考文献

[1]高彦仪,高波.食用百合栽培技术.北京:金盾出版社,2010

[2]孙日波,李瑞昌.百合生产实用技术.北京:中国农业科学技术出版社,2008

[3]朱怀根,黄家芸.百合高产栽培技术.北京:中国农业科技出版社,1995

[4]许国,高九思,段昊.百合栽培技术图说.郑州:河南科学技术出版社,2007

[5]修海旺.百合高产栽培技术.呼和浩特:内蒙古农业科技,2007

[6]涂新义.刘菊英百合果脯生产工艺.适用技术市场,1994(01)

[7]丁成伟,周权军.百合系列产品加工工艺.食品科学,1994(06)

[8]刘娇.食用百合繁殖技术.新农业,2003(4):42~43

[9]蔡宏涛,夏红梅,常艳.百合栽培特性及繁育技术.新疆林业,2002(6):32

内 容 简 介

　　本书在总结生产实践经验的基础上，结合近几年农村生产实际，介绍了百合的植物学特征和生物学特性、百合种用球茎的引种与扩繁、商品百合的栽培管理、百合的病虫害防治及产品加工等内容。内容全面，语言通俗易懂，实用性和可操作性强，对食用百合实际生产具有很强的指导作用。除可供广大农民、农业技术人员、农村基层干部在百合生产中参考外，也可供有关农业院校师生参阅。